Spring

Summer

Autumn

Winter

Makabe Aliceの刺繡物語

—植物風格圖案集—

Spring

鳴鳥與花草 第1樂章

Summer

植物觀察筆記 第2樂章

Contents

Autumn

森林裡的掉落物 第3樂章

Winter

靜謐森林 第4樂章

1
Spring

How to make p.45

Spring Ephemeral（刺繡樣本）

第1樂章

鳴鳥與花草

柔和光芒照射，
緊繃的氣氛因此和緩。
配合嫩綠葉子伸長手、
像在歌唱的繁花，
舒展綻放的時候，
鳥兒們也拉開嗓子歌唱。

2
Spring

How to make p.49
萌芽之框

在陽光邀請之下，
欣欣向榮的綠意，
逐步抽長的眾花，
都朝著太陽伸展。

3
Spring

How to make p.50
田野風光刺繡樣本

4
Spring

How to make p.46
摘下春天的飾品

微風捎來春天的信息。
萬物從地面被解放。

在春天散步的路上，
凝神傾聽會有微弱聲響。
是不是小小的花兒們
所演奏的呢？

5
Spring

How to make p.48
wildflower之袋

路旁的花草們
紛紛說起話來。
雖然遙遠，但希望有一天，
這些細語，會抵達那片湛藍天空。

6
Spring

How to make p.51
草原之襪（飾品）

鳥兒啁啾歌唱，
祝福盛開的花朵，
毫無保留地獻出對大自然的愛！

7

Spring

How to make p.52

鳥兒啁啾刺繡樣本

是在啄什麼呢？
粉紅色果實？
還是那邊看起來
很大朵的花？

8

Spring

How to make p.52

鳥與花眼鏡盒

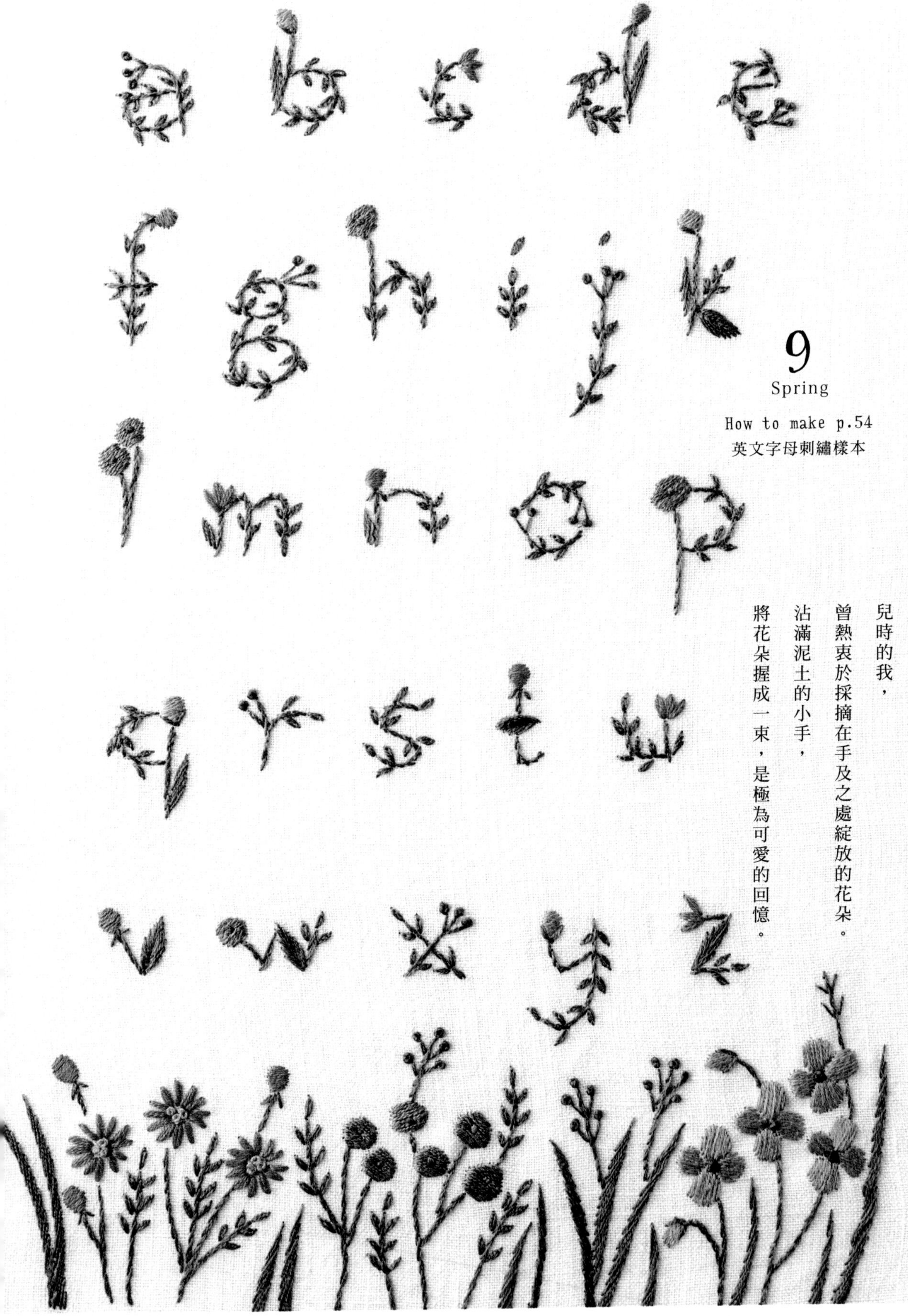

9

Spring

How to make p.54

英文字母刺繡樣本

兒時的我，
曾熱衷於採摘在手及之處綻放的花朵。
沾滿泥土的小手，
將花朵握成一束，是極為可愛的回憶。

10
Summer

How to make p.56

夏季綠意刺繡樣本

第2樂章 植物觀察筆記

沐浴在令人炫目的陽光中，
充斥綠意的原野。
植物們先我一步，朝四面八方伸展，
被這片美景給蓋過的我，
忍不住伸手摘取，
去感受他們的生命力。

無窮無盡的藍天。
綠意映照在
夏季天空中。

11
Summer

How to make p.57
夏季天空與植物（迷你鑲板）

12

Summer

How to make p.58

森林標本盒（迷你刺繡樣本）

有著獨特色彩、形狀和大小的
「植物」與「昆蟲」，
不能籠統地一概而論。
生物的奧祕，
就是這麼神祕又無法完全解釋。

好刺眼，好耀眼。
即使沐浴在灼熱陽光之下的時間，
漫長到我們根本無法忍受，
花草們卻還是勇於面對，
我要學習他們的堅韌。

13
Summer

How to make p.59
夏季花草刺繡樣本

切割下植物瞬間風采的素描。
此時此刻，
在該處所見到的姿態，
跟明天是完全不一樣的。

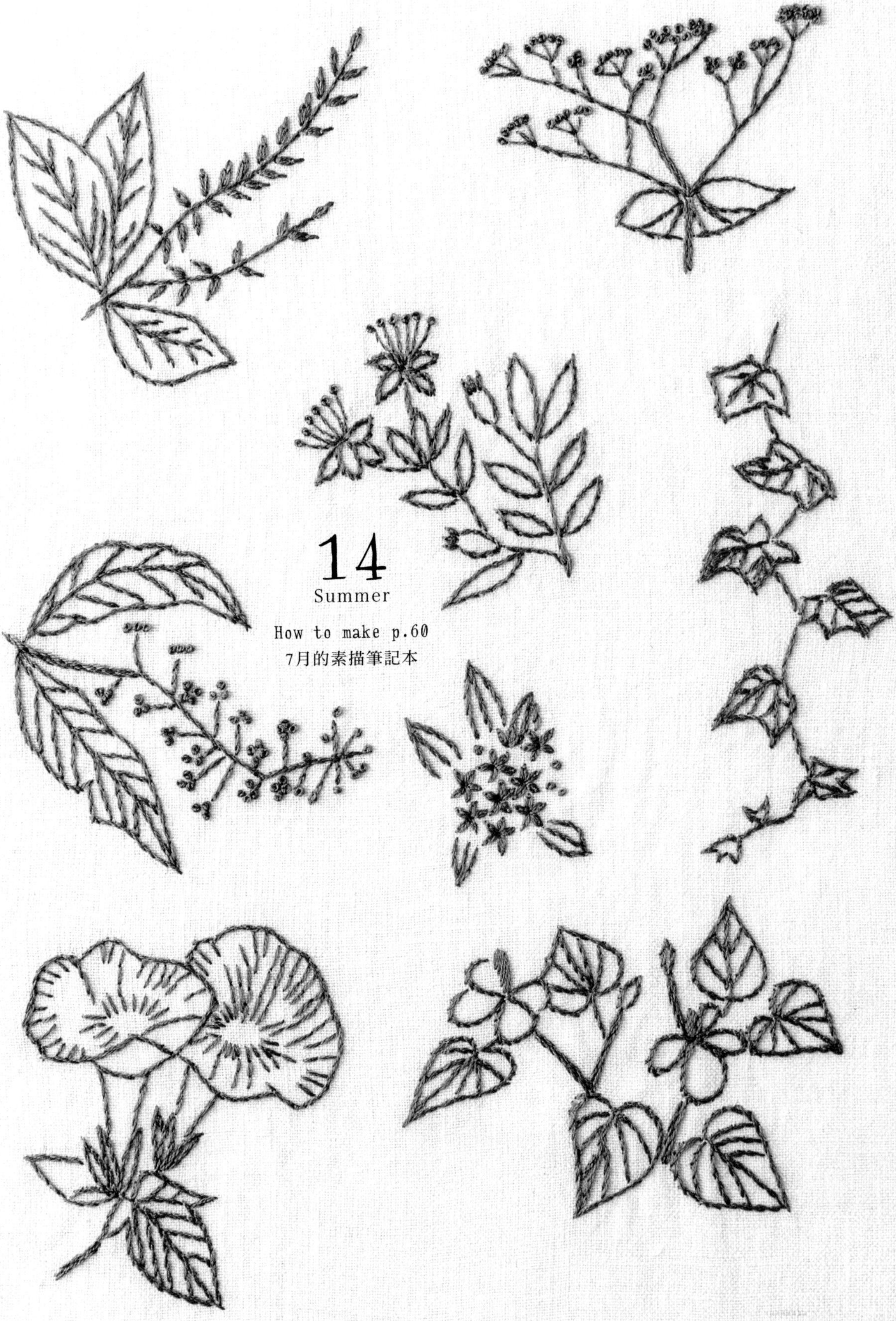

14
Summer

How to make p.60
7月的素描筆記本

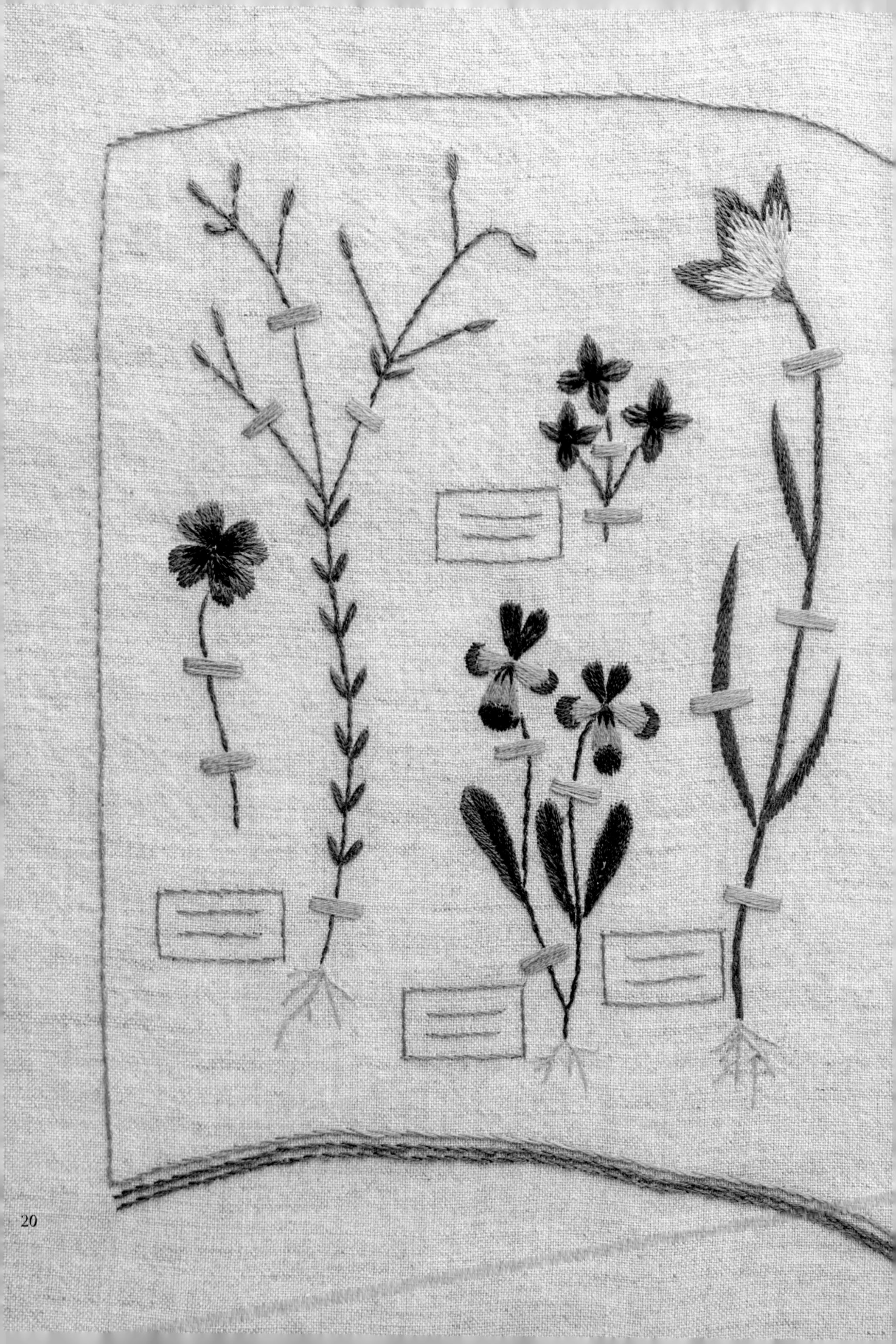

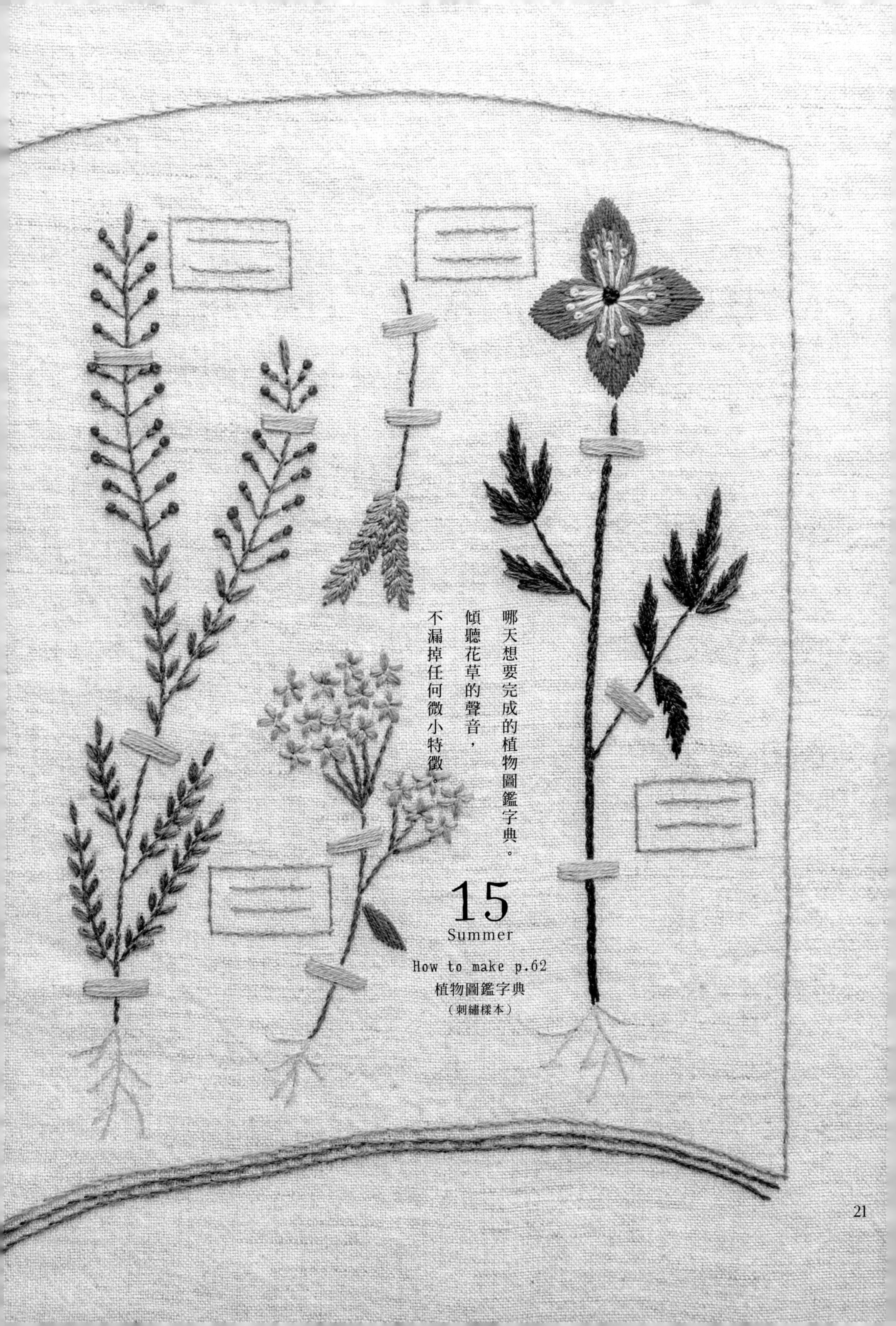

哪天想要完成的植物圖鑑字典。
傾聽花草的聲音，
不漏掉任何微小特徵。

15
Summer

How to make p.62
植物圖鑑字典
（刺繡樣本）

不管是花朵、葉片、昆蟲，
我全都想要覺察，
我全都想要熱愛。

16
Summer

How to make p.64

聚集在花朵和庭院的生物

（刺繡樣本）

究竟是華麗卻質樸，
還是質樸卻華麗呢？
是哪一種呢？

17

Summer

How to make p.64

花草紙袋

18
Autumn

How to make p.61
forest scene（刺繡樣本）

第3樂章

森林裡的掉落物

度過生命旺盛期後，
森林開始轉色。
由紅轉黃的過渡期，
其鮮艷明亮奪走我的心，
飽含光澤的樹木果實，吸引我的目光，
同時感受到森林面對冬天的心胸深懷。

群樹葉子紛紛脱落
在寂寥歌聲中
感受秋天。

19
Autumn

How to make p.65
秋樹與鳥兒的迷你相框

我收集的樹木果實。
不管怎麼撿，
果然還是一直落地。
從數千年前開始就不斷掉落。

20
Autumn

How to make p.72
樹木果實胸針

漫步在森林時，
因一道照進林中的光芒，
而帶出美不勝收的葉脈，
讓我驚愕不已。

21
Autumn

How to make p.66
秋葉書籤

22

Autumn

How to make p.67

森林動物鑲板（兔子）

才「啊」的一聲，
就已經不見蹤影。
是幻覺嗎？
不對，八成是現實。

23
Autumn

How to make p.67
森林動物鑲板（松鼠）

冬天來臨前，
收穫了好～多
好多的果實。

動物們輕聲穿梭、
來回奔跑生活的世界。
願今後也能繼續存在下去。

24
Autumn

How to make p.68
森林動物刺繡樣本

在森林裡頭跳躍，
宛如滑行般在樹上奔走。

25
Autumn

How to make p.68
白線刺繡抱枕

26
Autumn

How to make p.69
結實纍纍花圈

在旅途中所收集的，
來自秋天的贈禮。
從靜謐的森林，
可以感受到季節的更移。

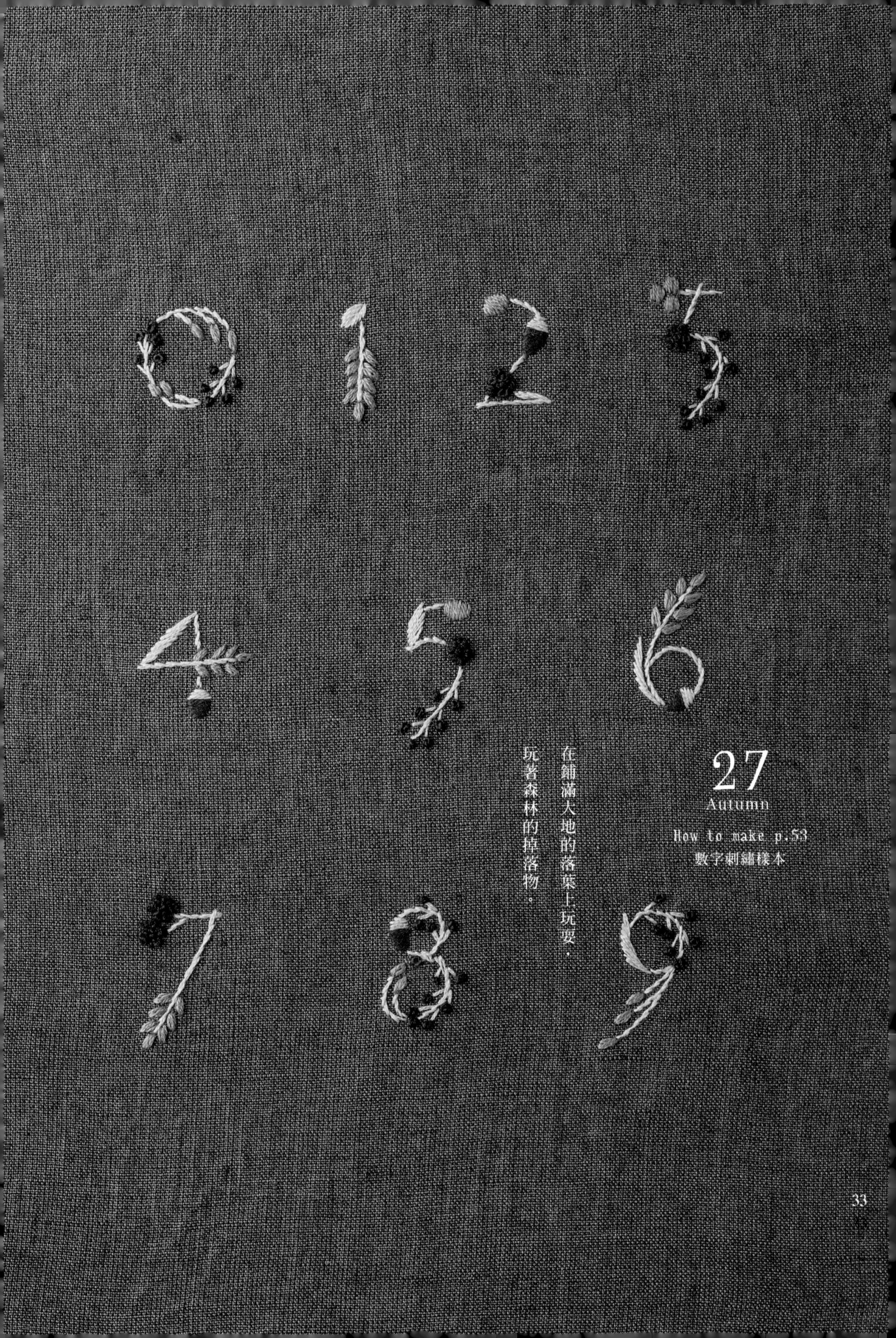

在鋪滿大地的落葉上玩耍，
玩著森林的掉落物。

27
Autumn

How to make p.53

數字刺繡樣本

28
Winter

How to make p.70
針葉樹刺繡樣本

第4樂章
靜謐森林

守護著寧靜夜晚森林的，
是月亮和星星的微小光芒。
思忖為生命運行感到奇妙非凡的同時，
一邊為春季萌芽、夏日陽光、秋收恩惠，
以及靜謐冬天發自內心由衷感激。

澄澈的空氣，
從頭到腳，
都讓人感到冰冷，
但心卻很暖。

29
Winter

How to make p.71
冬季夜空（迷你鑲板）

「嚄——嚄——」
一邊發出鳴叫，
一邊維持森林安寧的守衛。

30
Winter

How to make p.71
森林守衛（相框）

31
Winter

How to make p.72
待春花圈（鑲板）

大自然給予的承諾，
就是下一個季節會到來。
讓我們對全新季節滿懷希望吧！

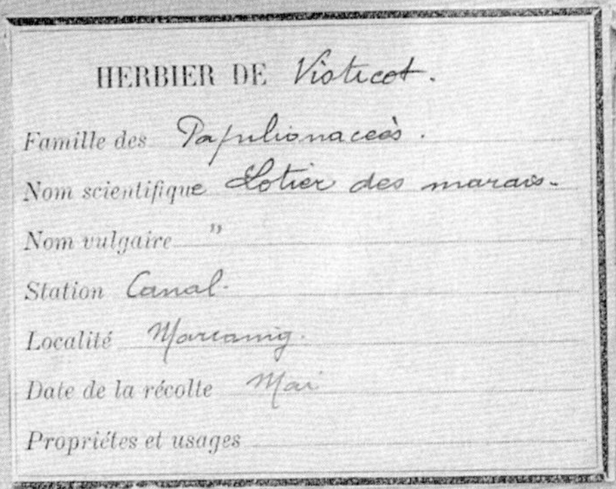

我有想要贈花的人。
願對方的心也能花團錦簇。

32
Winter

How to make p.73
報春花花束（刺繡樣本）

我夢到了在深邃濃厚的藍色中，
有花朵散落在其中。

33
Winter

How to make p.78
報春花束口袋

在寂靜世界中
突然出現的紅色果實，
讓我的心雀躍不已。

34
Winter

How to make p.74
紅色果實和雪花結晶
（迷你刺繡樣本）

明明很冷，
卻覺得看見溫暖光芒。
雖然很冷，
卻感受到溫馨。

35
Winter

How to make p.75
雪景針包

再過不久新的季節就要到來。
感受這點的同時，
道聲晚安，為今日劃下句點。

36
Winter

How to make p.76
待春之夜（刺繡樣本）

月亮一直照看著一切。
這件事，
花草、樹木和動物都知曉。

・〔線〕材如無指定，皆是使用25號繡線。
・〔布〕材除了裡布等，都是使用「生地の森」亞麻。
・刺繡方法會以色號・繡線股數・繡法載明，但也會有省略或合併表示的情況。
・部分縮小的圖案，按照指定比例放大後即為原寸圖案。
・施以刺繡的布背面，全都貼有單面膠布襯。

p.4

1 Spring

Spring Ephemeral（刺繡樣本）

〔線〕Olympus 25號繡線　214、283、324、341、343、344、423、564、615、631、632、712、768、1602

〔布〕Original麻、米白色（IN50145）

〔其他〕單面膠布襯

刺繡圖案（請放大125%）

- 使用25號繡線，除了指定之外，皆為2股線
- 莖和葉皆為423，3股線
- 繡法除了指定之外，皆為輪廓繡
- 法式結粒繡請繞2圈

*Spring Ephemeral：泛指初春時就開花，夏天就會消失的花草。

p.7

4 Spring 摘下春天的飾品

〔線〕Olympus 25號繡線　145、203、204、214、236、245、283、288、341 、343、344、562、575、614 、758、784、794、841、842 、1601、2073、2835

〔布〕(灰色系) Original麻 、灰卡其色 (IN50145)

(米黃色系) Bergamo亞麻 、米黃色 (IN50301)、裡布各約15至20cm正方形

〔其他〕單面膠布襯約15至20cm正方形 、厚0.3cm的絨布帶12cm 棉花

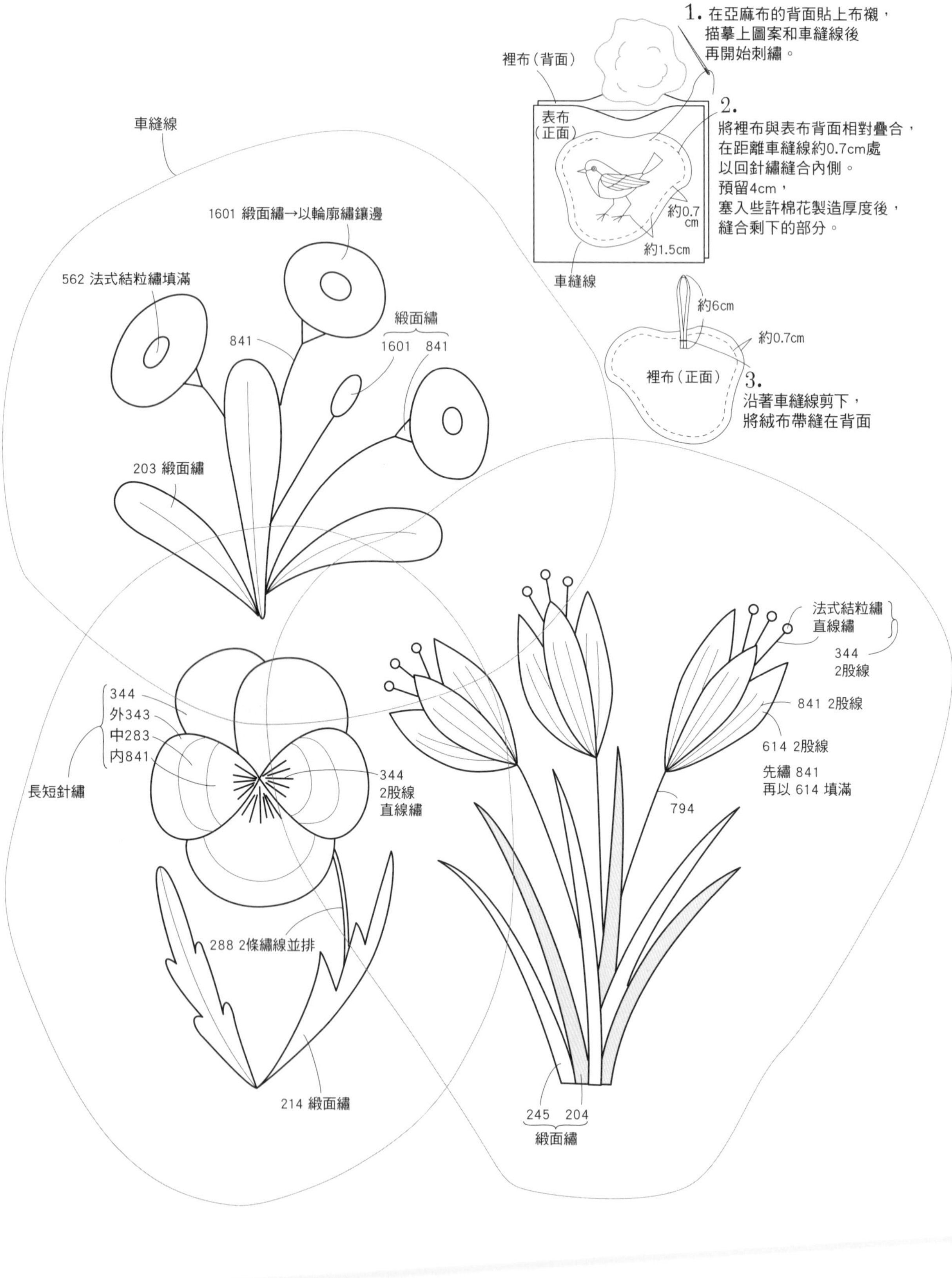

刺繡圖案（原寸）

- 使用25號繡線，除了指定之外，皆為3股線
- 繡法除了指定之外，皆為輪廓繡
- 法式結粒繡請繞2圈
- 周圍的回針繡使用灰色系236，米黃色系842

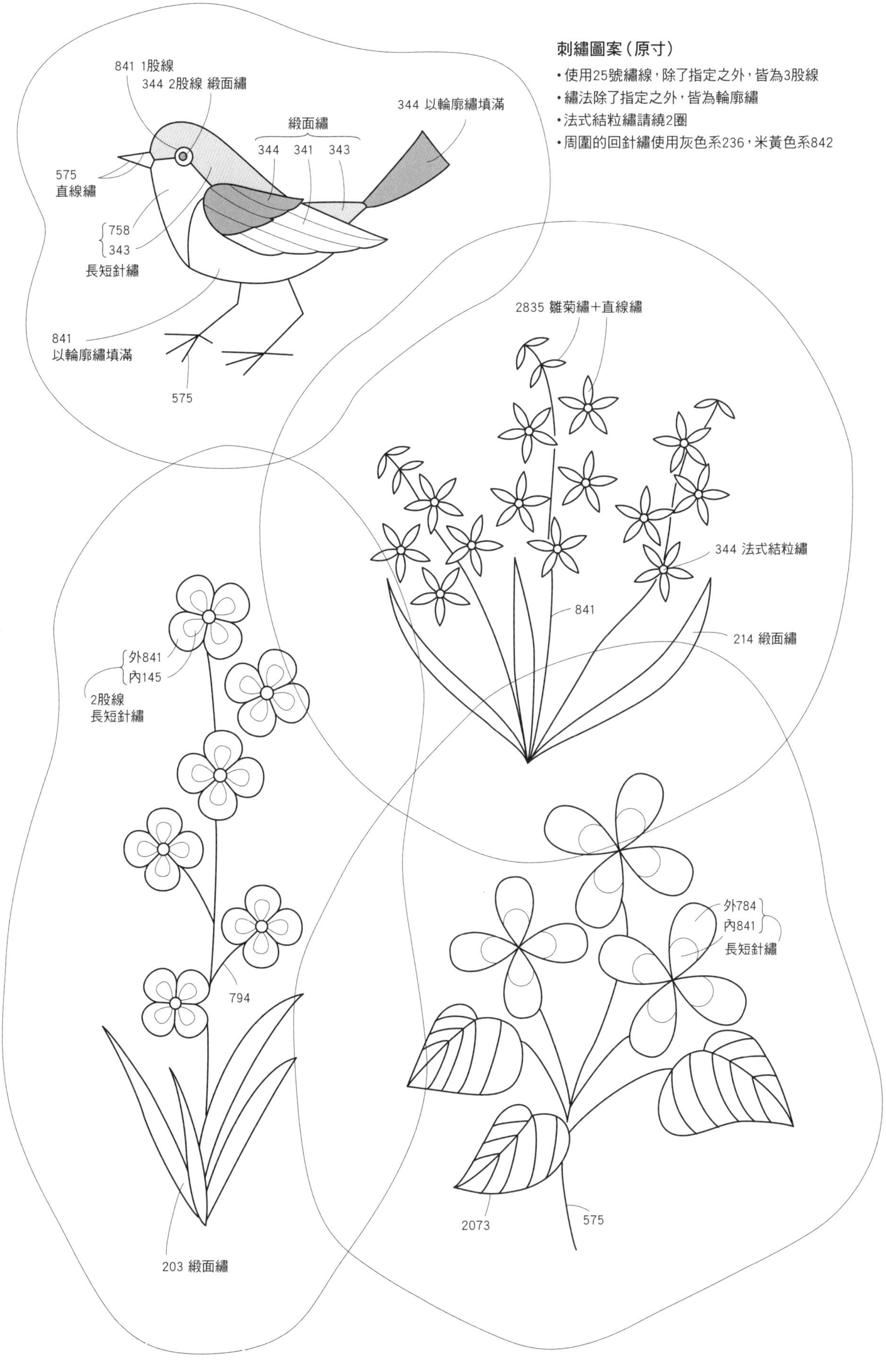

p.8

5 wildflower之袋

Spring

〔線〕Olympus 25號繡線 192、214、318、342、562、655、712、794、2835
〔布〕有色亞麻、白色（IN50188）20×25cm
　　Original麻、墨藍色（IN50145）40×45cm、裡布40×25cm
〔其他〕 單面膠布襯20×25cm

刺繡圖案（原寸）

・使用25號繡線，除了指定之外，皆為2股線
・莖和葉皆為318
・繡法除了指定之外，皆為輪廓繡
・法式結粒繡請繞2圈

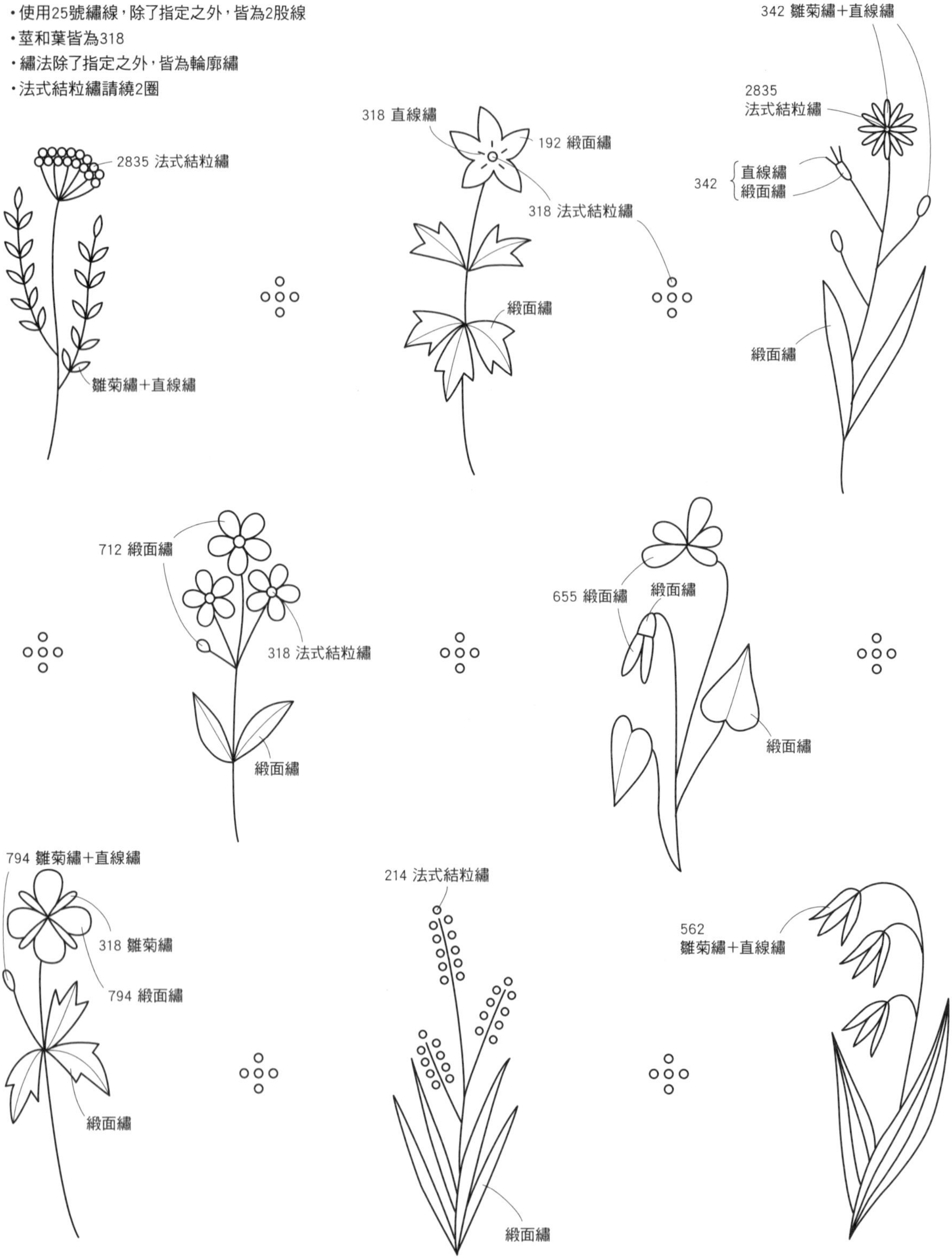

尺寸圖

- 加上（　）內的縫份後再裁剪，表布（前側）尺寸稍大一點，刺繡完成依指定的尺寸裁剪。
- 布襯要貼在表布（前側）
- 是刺繡位置

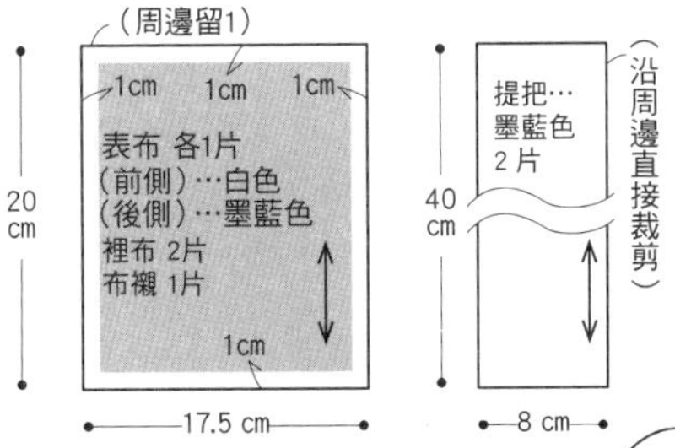

1. 在表布（前側）刺繡

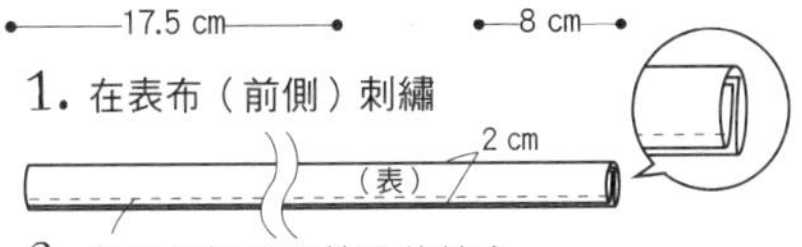

2. 將提把摺成四等分後縫合，完成兩條。

3. 將提把疏縫在表布上（前側・後側皆疏縫）

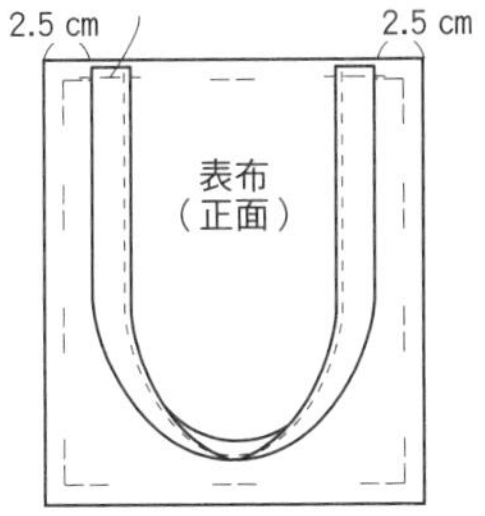

4. 步驟3與裡布正面相對，縫合袋口。製作2組。

5. 步驟4的2組成品中央對齊，留下返口後縫合周圍。

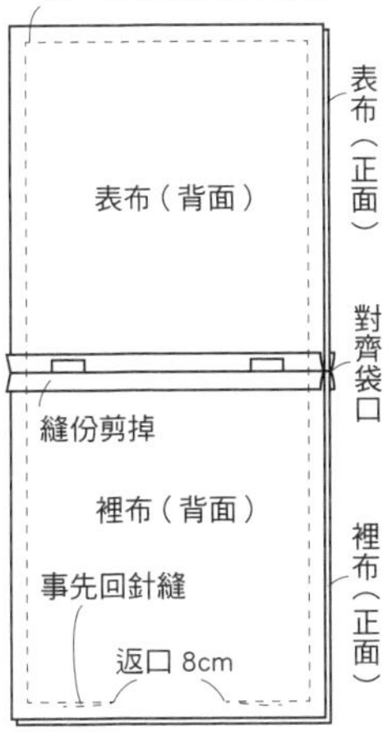

6. 翻回表面後，縫合返口。

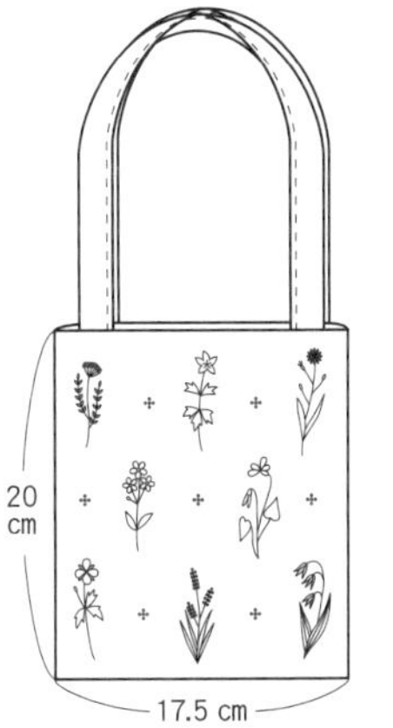

返口的縫合方法

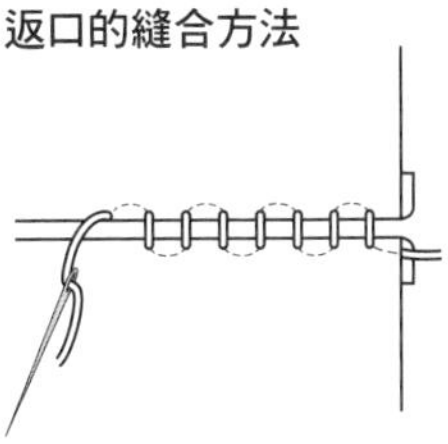

p.5
2 萌芽之框
Spring

〔線〕Olympus 25號繡線、214、841
〔布〕有色亞麻、青綠色（IN50188）
〔其他〕單面膠布襯

刺繡圖案（原寸）

- 25號繡線皆為2股線，綠線是214，白線是841。

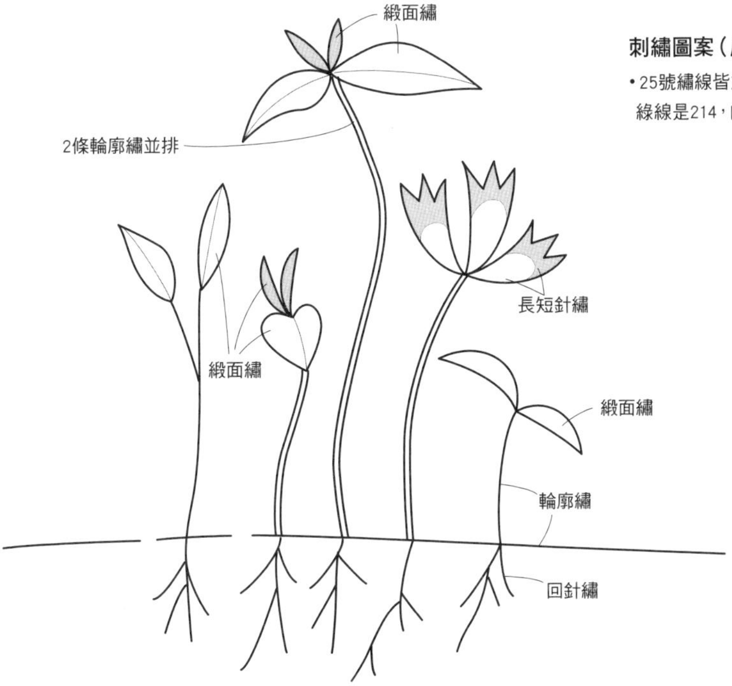

p.6

3 田野風光刺繡樣本

Spring

〔線〕Olympus 25號繡線 165、166、167、283、288、341、343、632、655、841、2015、2042
〔布〕洗過的比利時亞麻1/40番手、薩克斯藍（IN50573）
〔其他〕單面膠布襯

刺繡圖案（原寸）

- 使用25號繡線，除了指定之外，皆為3股線
- 繡法除了指定之外，皆為輪廓繡
- 法式結粒繡請繞2圈

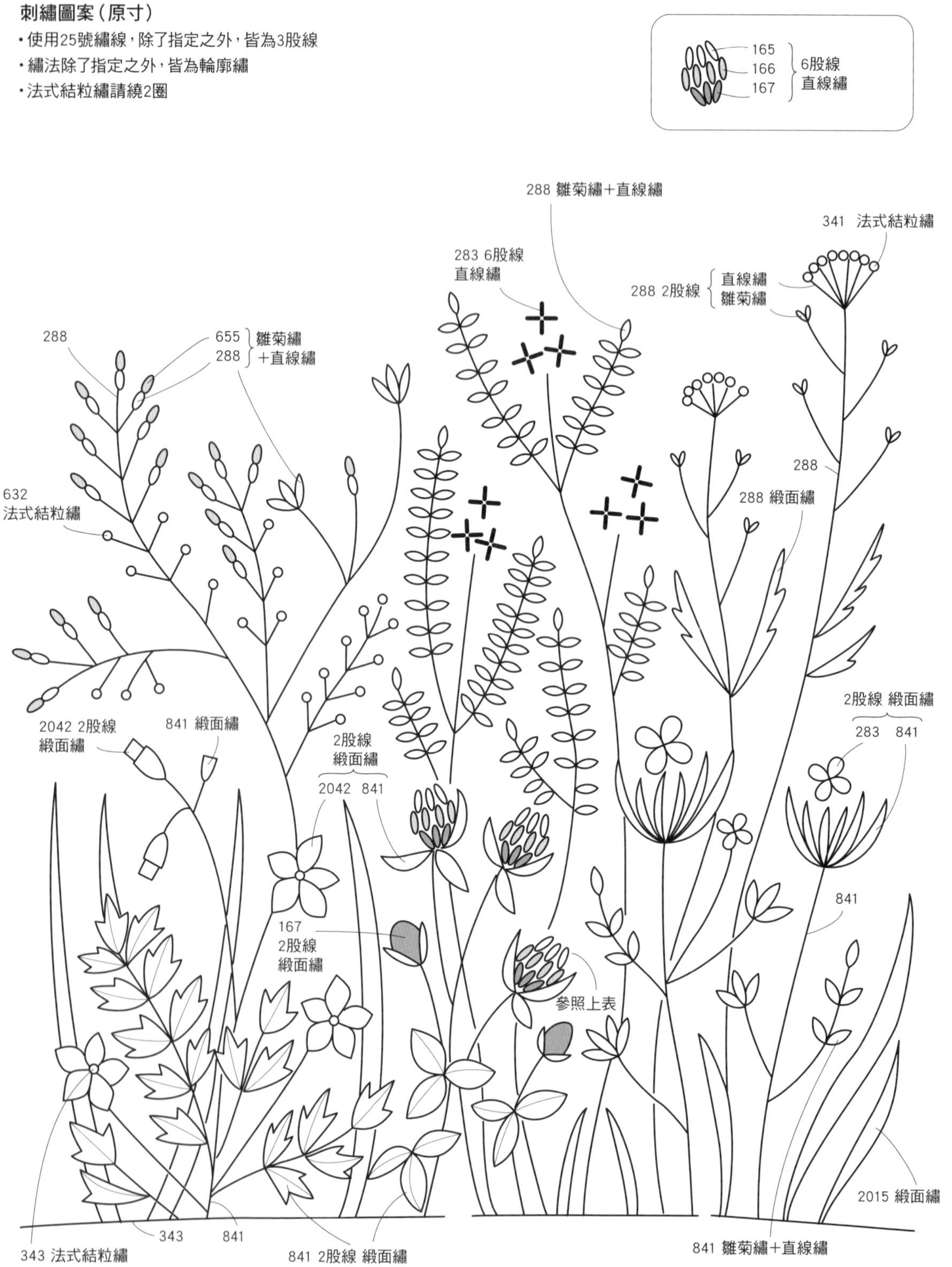

p.9
6 草原之襪（飾品）
Spring

〔線〕Olympus 25號繡線（綠色）206、277、841、1205、（藍色）216、244、392、810
〔布〕Original 麻（IN50145）（綠色）淺灰綠、（藍色）藍綠 裡布
〔其他〕單面膠布襯、雙面膠布襯

刺繡圖案（請放大125%）

• 使用25號繡線，除了指定之外，皆為2股線
• 繡法除了指定之外，皆為輪廓繡

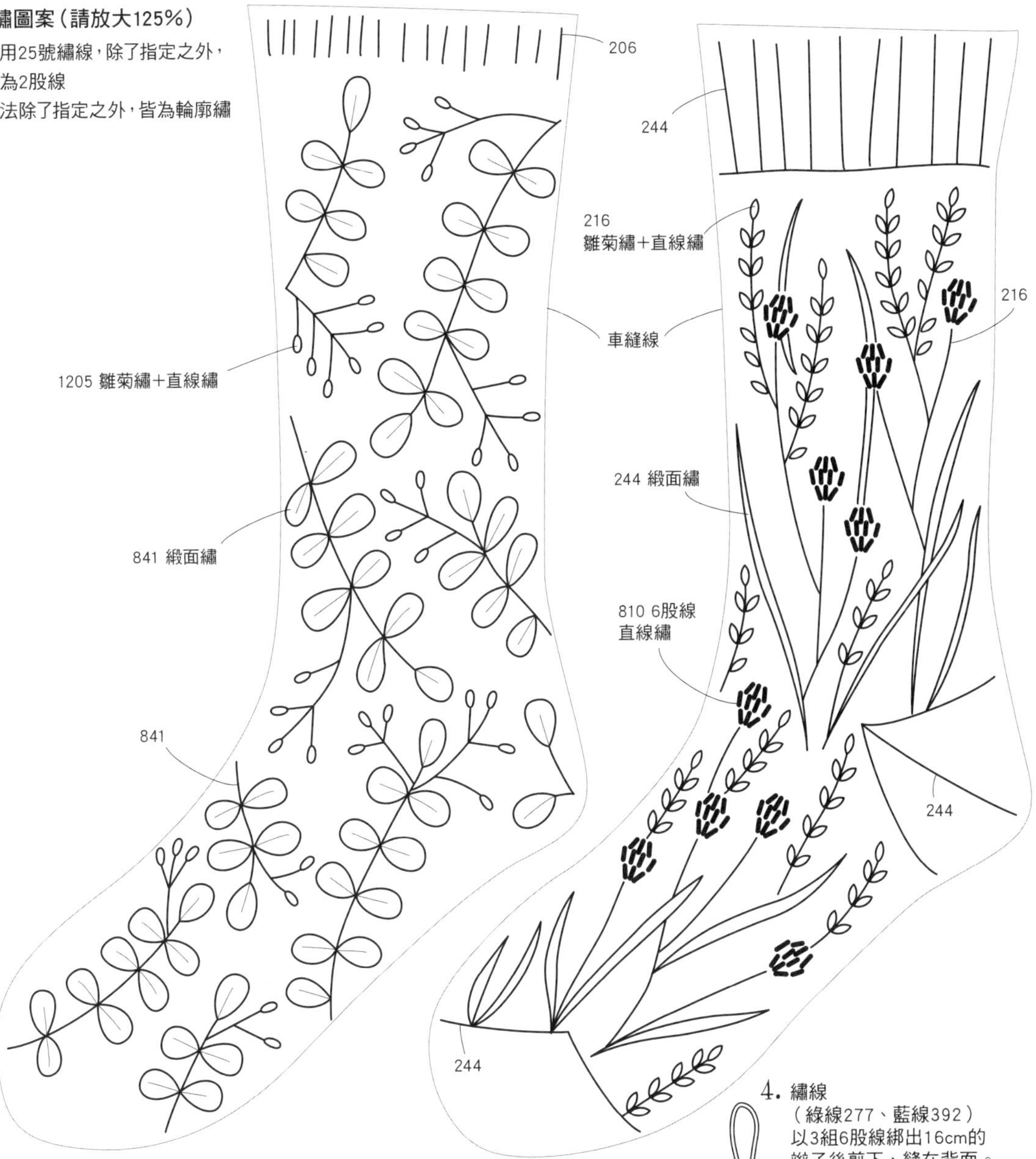

1. 將單面膠布襯貼在亞麻布背面，
描摹上車縫線和圖案後，再開始刺繡。
（這個階段不要裁剪布）
2. 在裡布裡側貼上雙面膠布襯，
疊在亞麻布背面後，以熨斗使其貼合。
3. 沿著車縫線剪下。
4. 繡線
（綠線277、藍線392）
以3組6股線綁出16cm的
辮子後剪下，縫在背面。

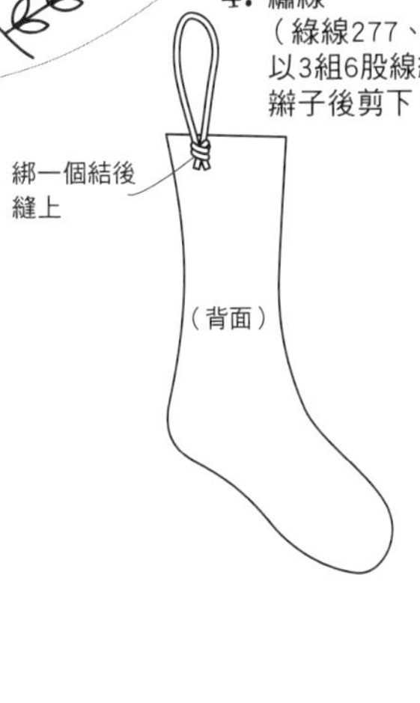

p.10

7 鳥兒啁啾刺繡樣本

Spring

〔線〕Olympus 25號繡線　488、2835
〔布〕 Original麻 原色（IN50145）
〔其他〕單面膠布襯

p.11

8 鳥與花眼鏡盒

Spring

〔線〕Olympus 25號繡線　288、1205
〔布〕有色亞麻 苔綠色（IN50188）、裡布各20×30cm
〔其他〕單面膠布襯、有膠鋪棉各20×30cm、
寬0.3cm的皮革帶7cm、直徑1.5cm的鈕釦1個

刺繡圖案（請放大125%）

• 使用25號繡線，除了指定之外，皆為3股線
• 莖、葉、鳥是488（288），花和果實是2835（1205）※（　）內是眼鏡盒的色號
• 法式結粒繡請繞2圈

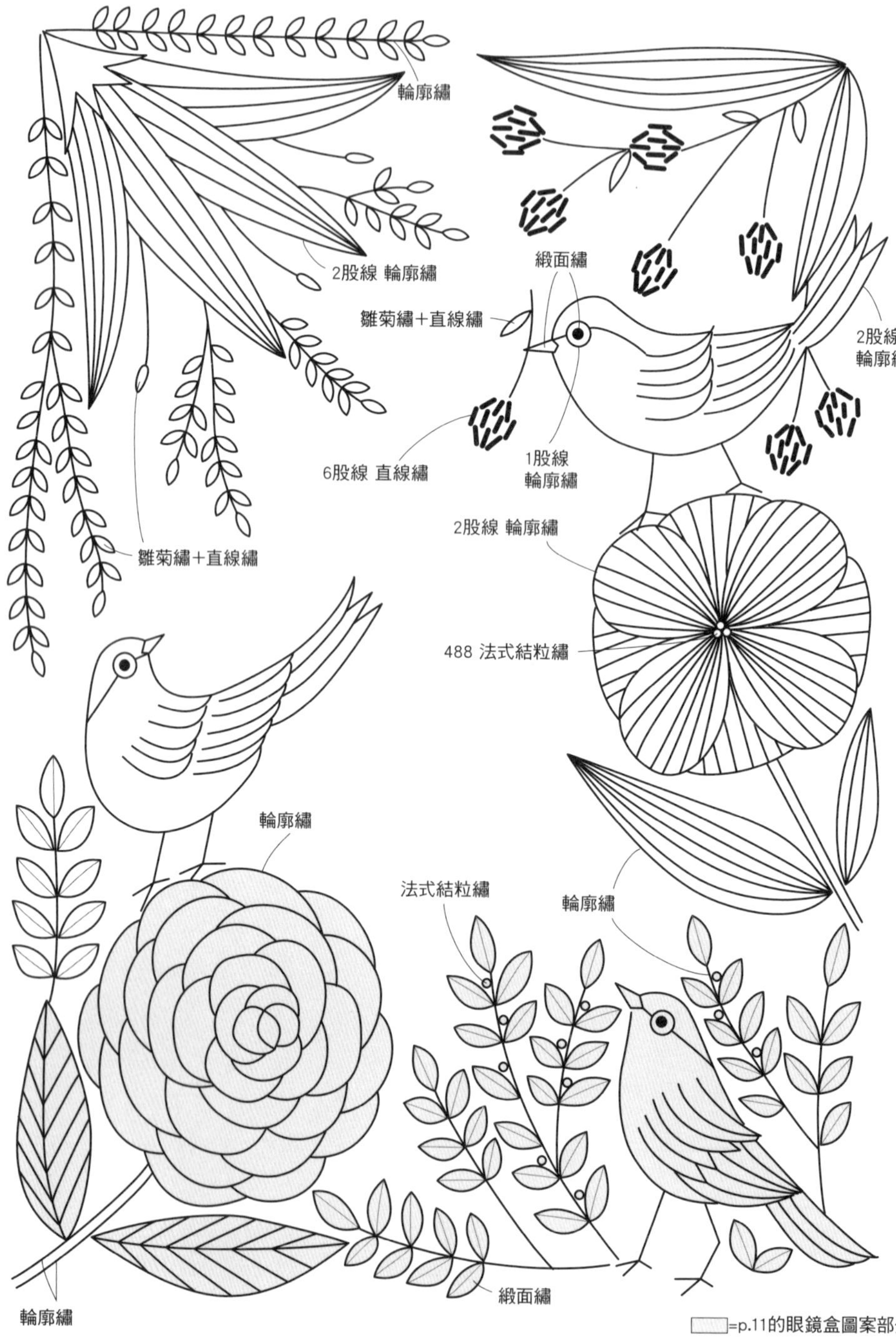

=p.11的眼鏡盒圖案部分

尺寸圖

- 加上( )內的縫份後再裁剪，表布稍大一點，
  使刺繡位置可預留充足空間，
  刺繡完再按照指定的尺寸裁剪。
- 布襯要貼在表布

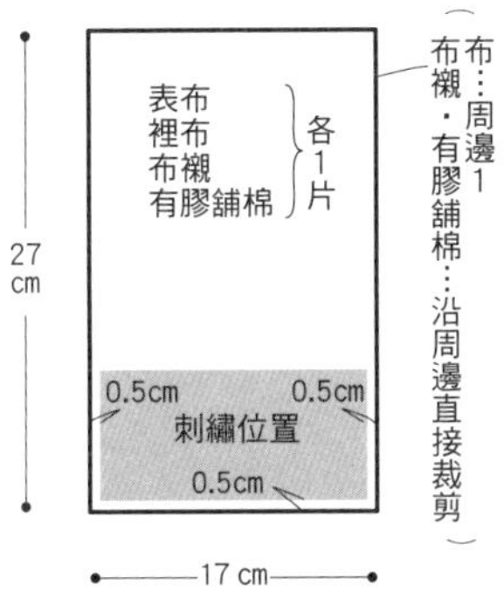

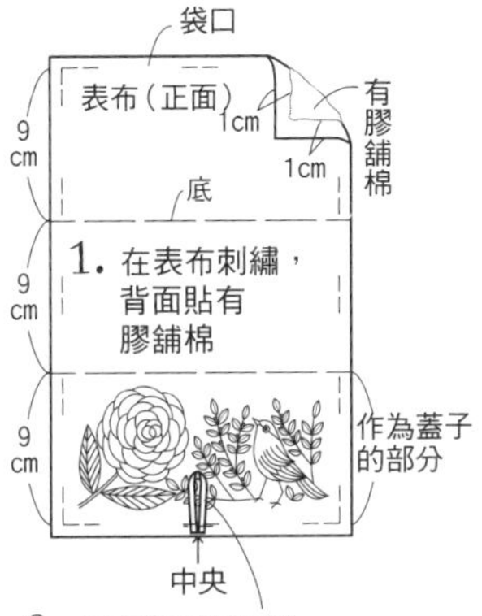

2. 將皮革帶對摺後，疏縫蓋子側的中央。

3. 將表布與裡布對齊，留下返口縫合袋口。

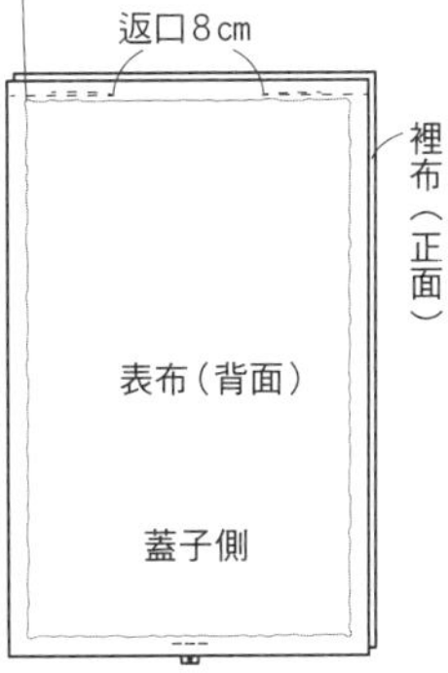

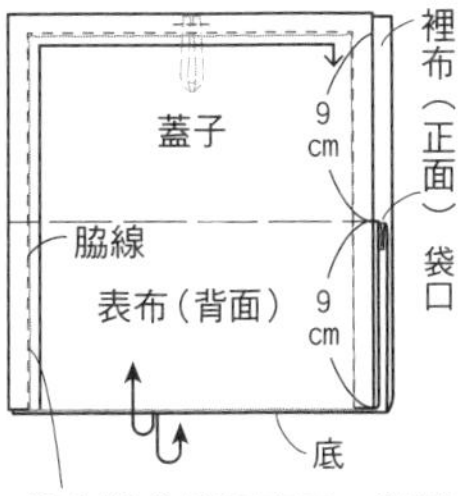

4. 將步驟3翻回表面，顛倒後，從底部往回摺，以熨斗燙過，按照箭頭接起3邊後縫合。
繫繩請事先放進去。

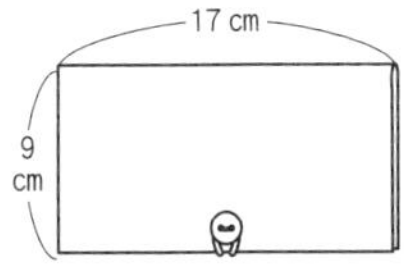

5. 翻回表面後，縫合返口（參照P.49），在後側縫上鈕釦。

p.33
27 數字刺繡樣本
Autumn

〔線〕Olympus 25號繡線 343、344、632、655、714、841、2835
〔布〕Bergamo亞麻 棕色 (IN50301）
〔其他〕單面膠布襯

刺繡圖案（原寸）

- 使用25號繡線，除了指定之外，皆為2股線
- 繡法除了指定之外，皆為輪廓繡
- 法式結粒繡請繞2圈

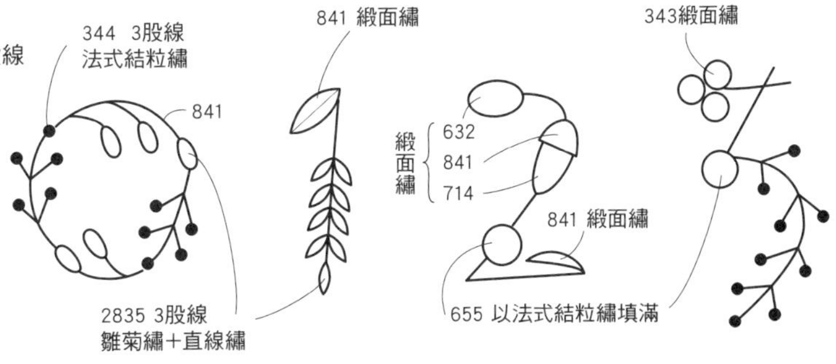

p.12-13

9 Spring

英文字母刺繡樣本

〔線〕 Olympus 25號繡線 大寫字母 486、632、1904、2835、3042
小寫字母 289、343、632、712、2835
〔布〕Bergamo亞麻 米白色(IN50301）
〔其他〕單面膠布襯

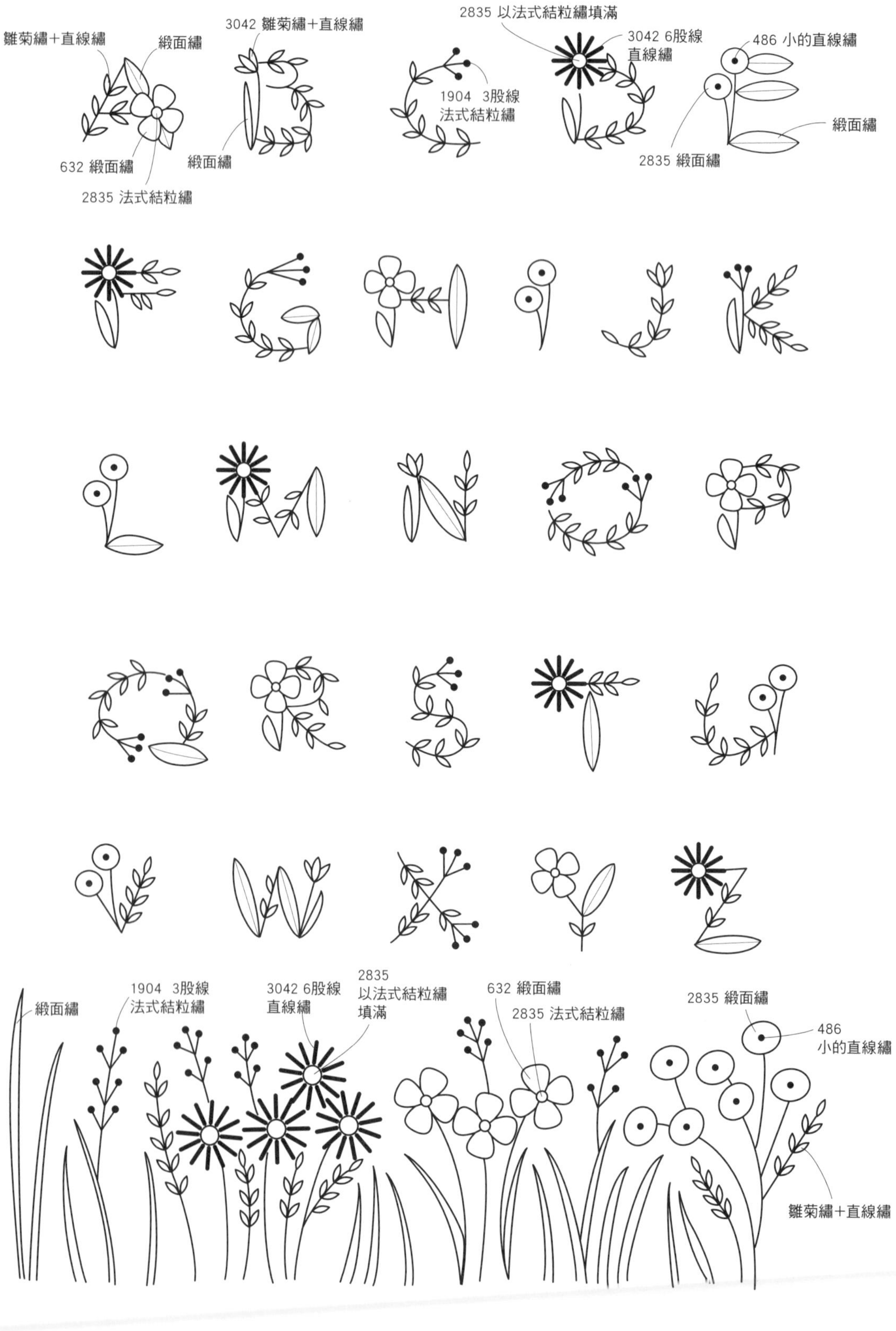

刺繡圖案（請放大125%）

- 使用25號繡線，除了指定之外，皆為2股線
- 莖和葉的大寫字母是486，小寫字母是289
- 法式結粒繡請繞2圈

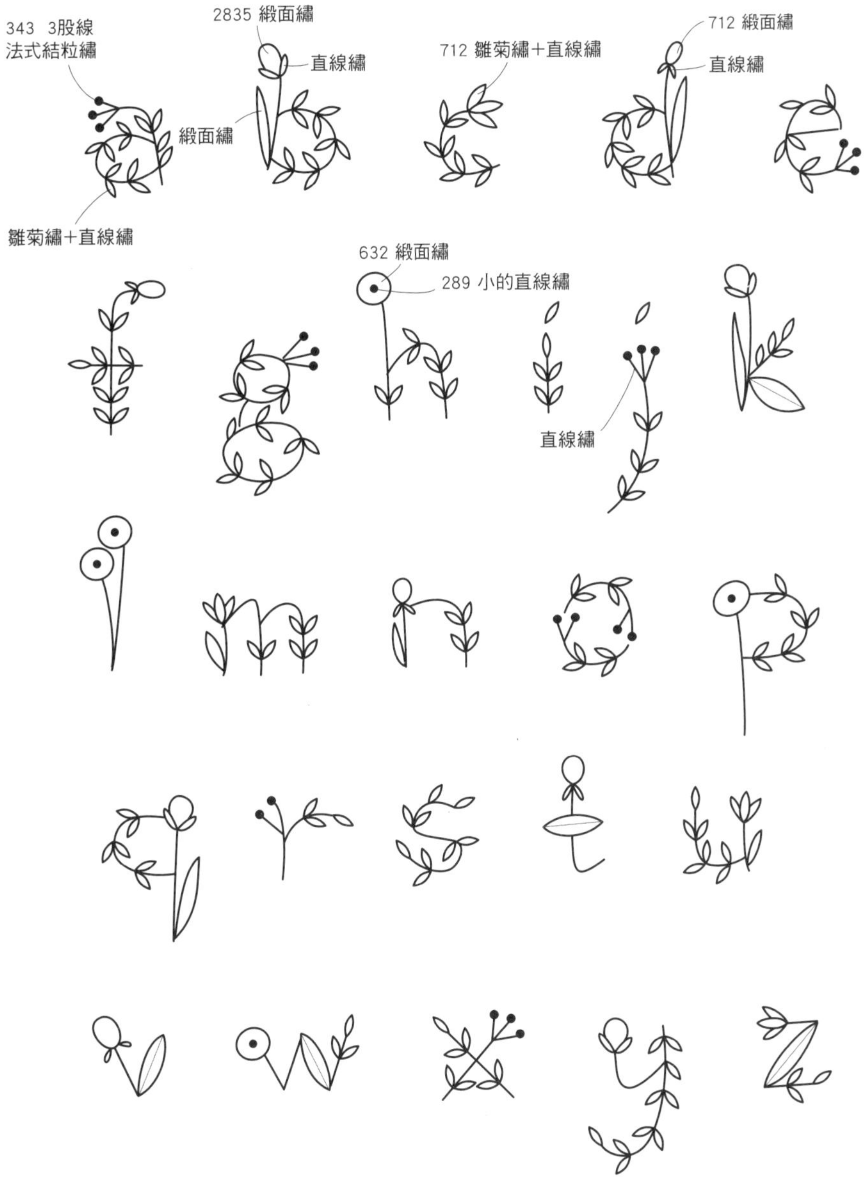

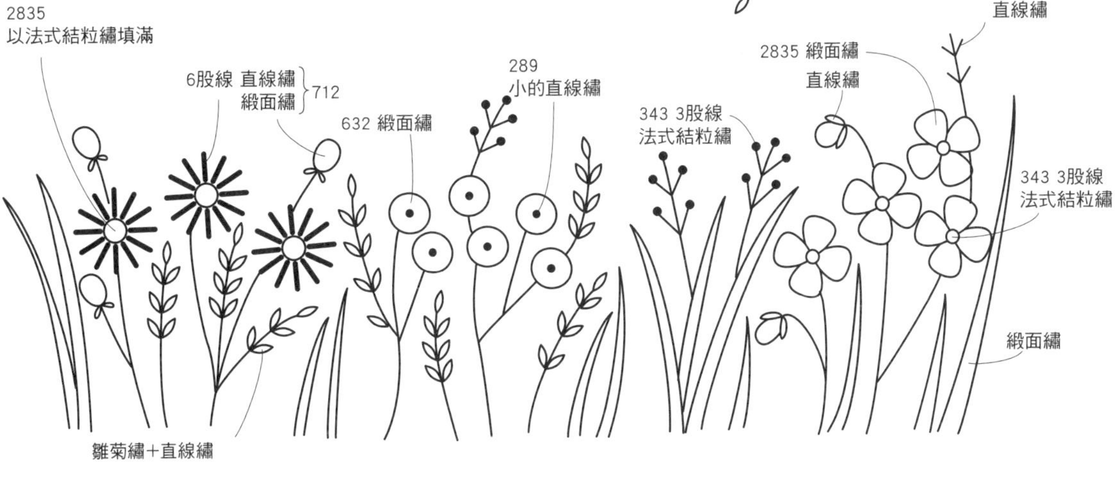

p.14

10 夏季綠意刺繡樣本

Summer

〔線〕Olympus 25號繡線　192、214、218、236、277、900、2013、2016
〔布〕Original麻 素色 (IN50145)
〔其他〕單面膠布襯

刺繡圖案（請放大145%）

- 使用25號繡線，除了指定之外，皆為2股線
- 繡法除了指定之外，皆為輪廓繡
- 綠線除了指定之外，皆為214

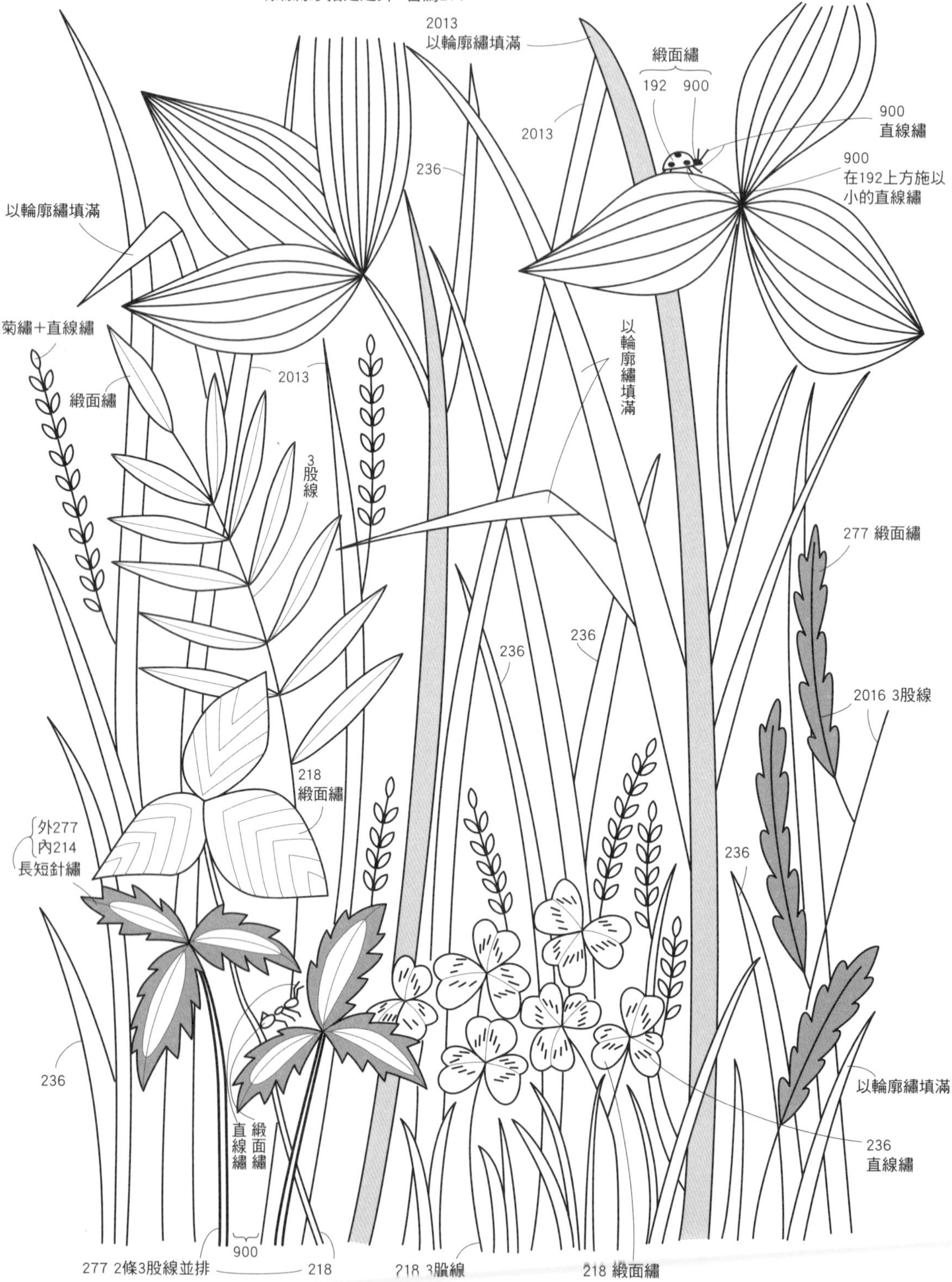

p.15
11 夏季天空與植物（迷你鑲板）
Summer

〔線〕Olympus 25號繡線　811、2013
〔布〕有色亞麻　青綠色 (IN50188）
〔其他〕單面膠布襯、10cm正方形鑲板

尺寸圖
・布及布襯請包含縫份裁剪
・布襯貼在表布（前側）

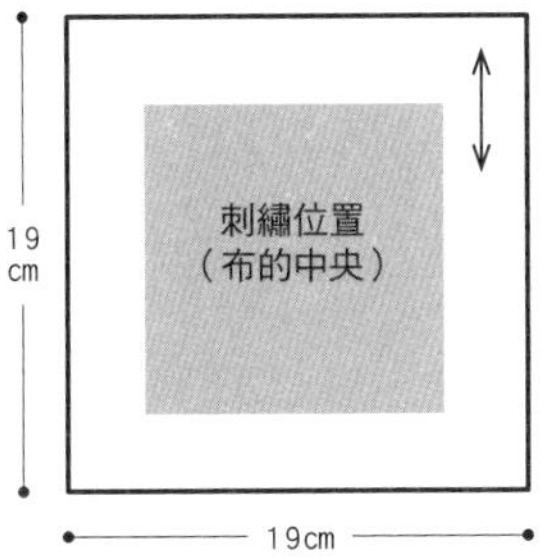

刺繡圖案（原寸）
・使用25號繡線，除了指定之外，皆為2股線
・繡法除了指定之外，皆為輪廓繡

1. 先刺繡。

2. 將刺繡面朝下放置，
把鑲板反面朝上放在布的中央。
（刺繡要稍微超出鑲板）

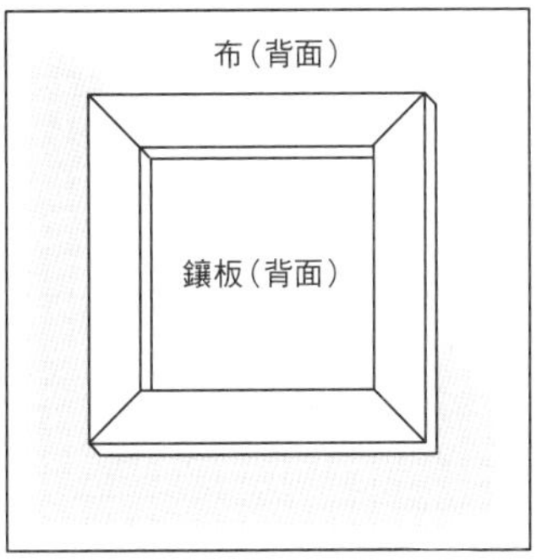

3. 將布拉緊，上下左右都要以圖釘牢牢固定。

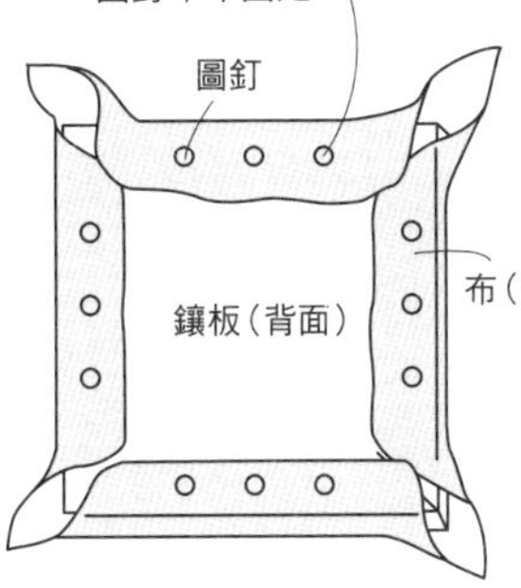

4. 將邊角的布往內摺，以圖釘固定。

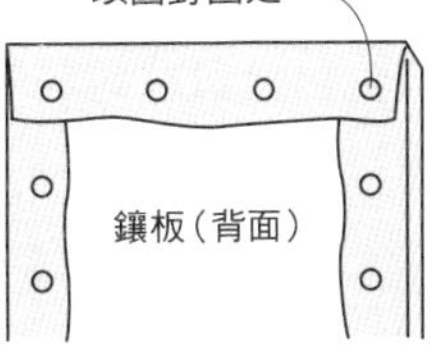

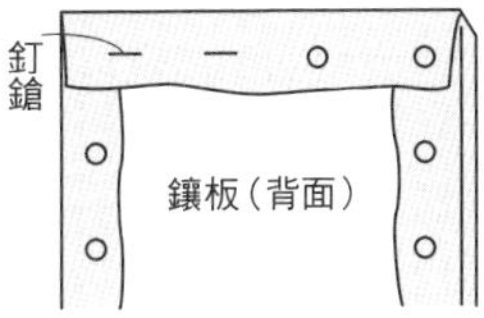

若是以釘槍固定，
要除去圖釘再打入釘針。
多餘的布就剪掉。

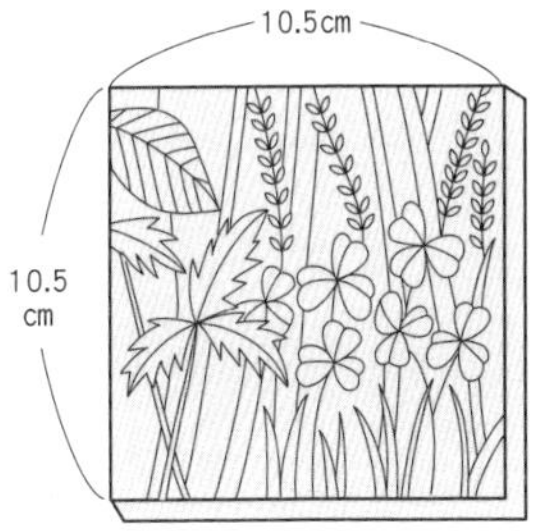

p.16

12 森林標本盒（迷你刺繡樣本）

Summer

〔線〕Olympus 25號繡線 289、432、204、722、343、562、841、3042、283、324、487、236、794、712、2013、2016、214、2014、2016、416、1026

〔布〕Bergamo亞麻 米白色（IN50301）

〔其他〕單面膠布襯

刺繡圖案（原寸）

- 使用25號繡線，除了指定之外，皆為2股線
- 繡法除了指定之外，皆為輪廓繡
- 法式結粒繡請繞2圈

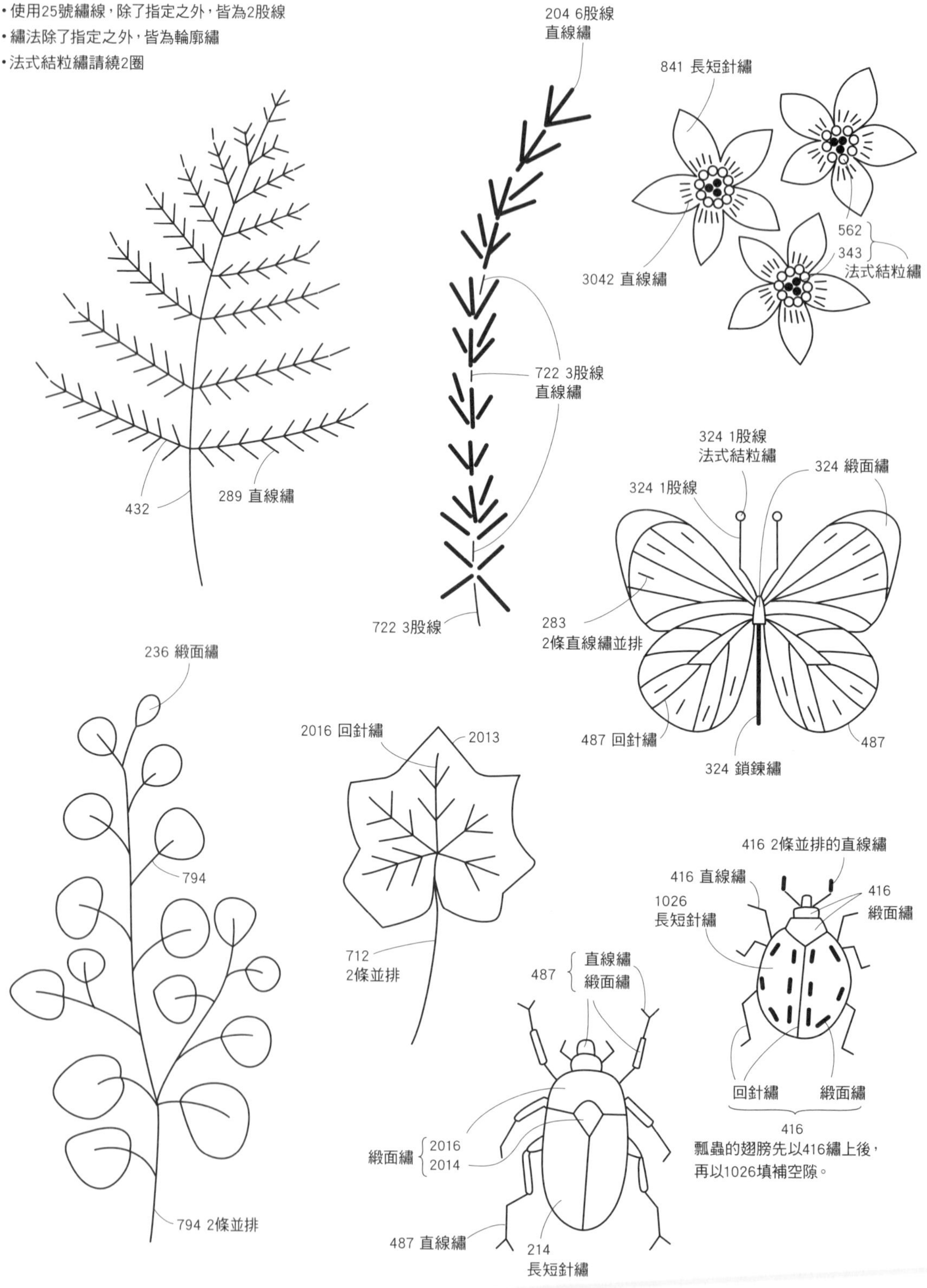

瓢蟲的翅膀先以416繡上後，再以1026填補空隙。

p.17

13 夏季花草刺繡樣本

Summer

〔線〕Olympus 25號繡線 214、216、285、342、343、416、631、632、655、712、841、2016、2051、2835
〔布〕Original麻 葉綠色（IN50145）
〔其他〕單面膠布襯

刺繡圖案（原寸）

- 使用25號繡線，除了指定之外，皆為2股線
- 繡法除了指定之外，皆為輪廓繡
- 法式結粒繡請繞2圈

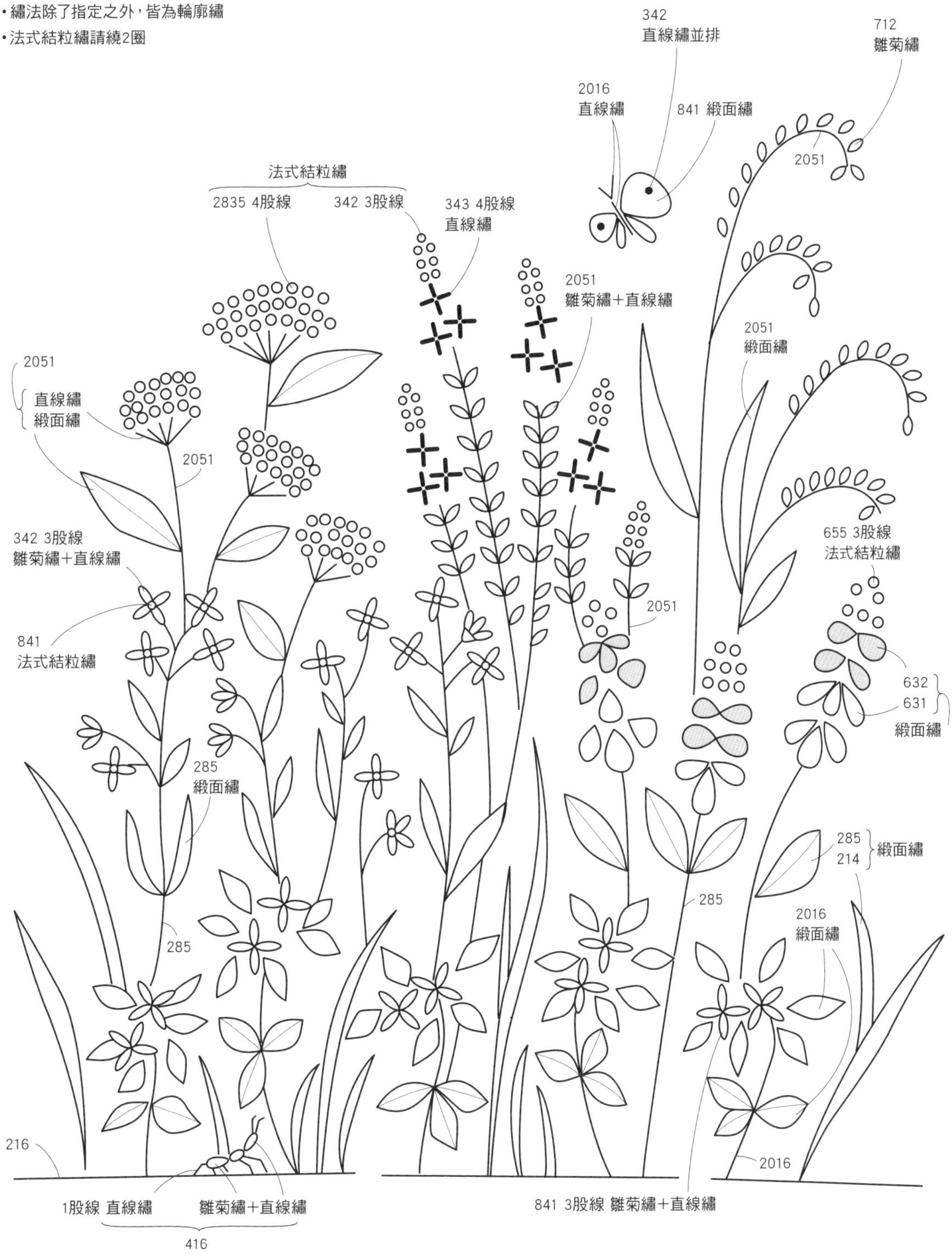

p.19

14 7月的素描筆記本

Summer

〔線〕Olympus 25號繡線 305
〔布〕Original麻 原色（IN50145）
〔其他〕單面膠布襯

刺繡圖案（原寸）

- 使用25號繡線，除了指定之外，皆為2股線305
- 繡法除了指定之外，皆為輪廓繡
- 法式結粒繡請繞2圈

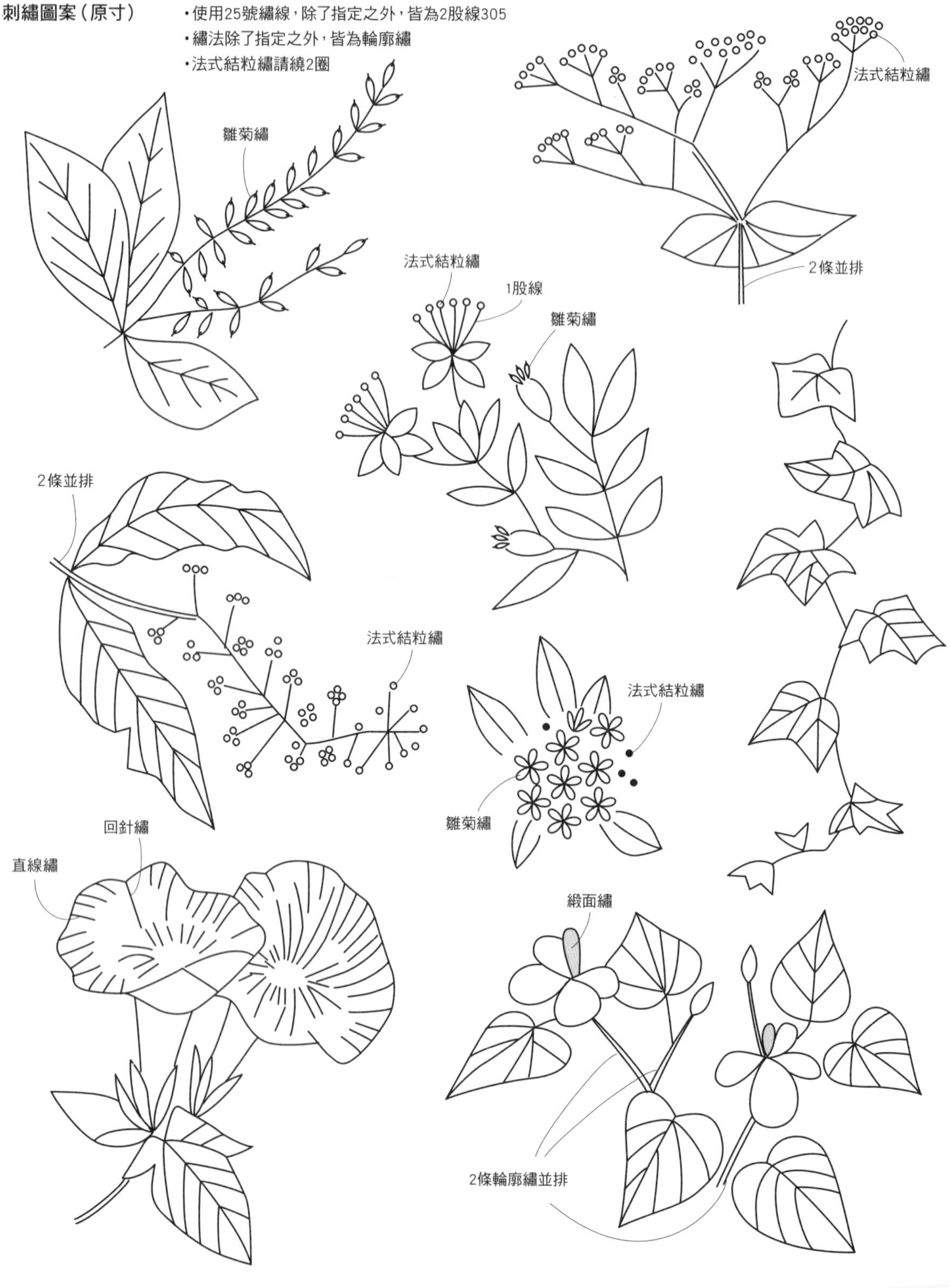

p.24

18 forest scene（刺繡樣本）

Autumn

〔線〕Olympus 25號繡線 194、285、324、343、344、564、575、655、714、738、755、841、2014、2016

〔布〕Original麻、原色（IN50301）

〔其他〕單面膠布襯

刺繡圖案（原寸）

- 使用25號繡線，除了指定之外，皆為3股線。
- 繡法除了指定之外，皆為輪廓繡。
  果實皆為緞面繡。
- 果實的莖皆為575。

p.20-21

15 植物圖鑑字典（刺繡樣本）

Summer

〔線〕Olympus 25號繡線 145、284、289、343、344、487、565、632、712、722、785、794、841、2014、2835

〔布〕Original麻、原色（IN50145）

〔其他〕單面膠布襯

刺繡圖案（請放大125%）

- 使用25號繡線，除了指定之外，皆為2股線
- 繡法除了指定之外，皆為輪廓繡
- 法式結粒繡請繞2圈

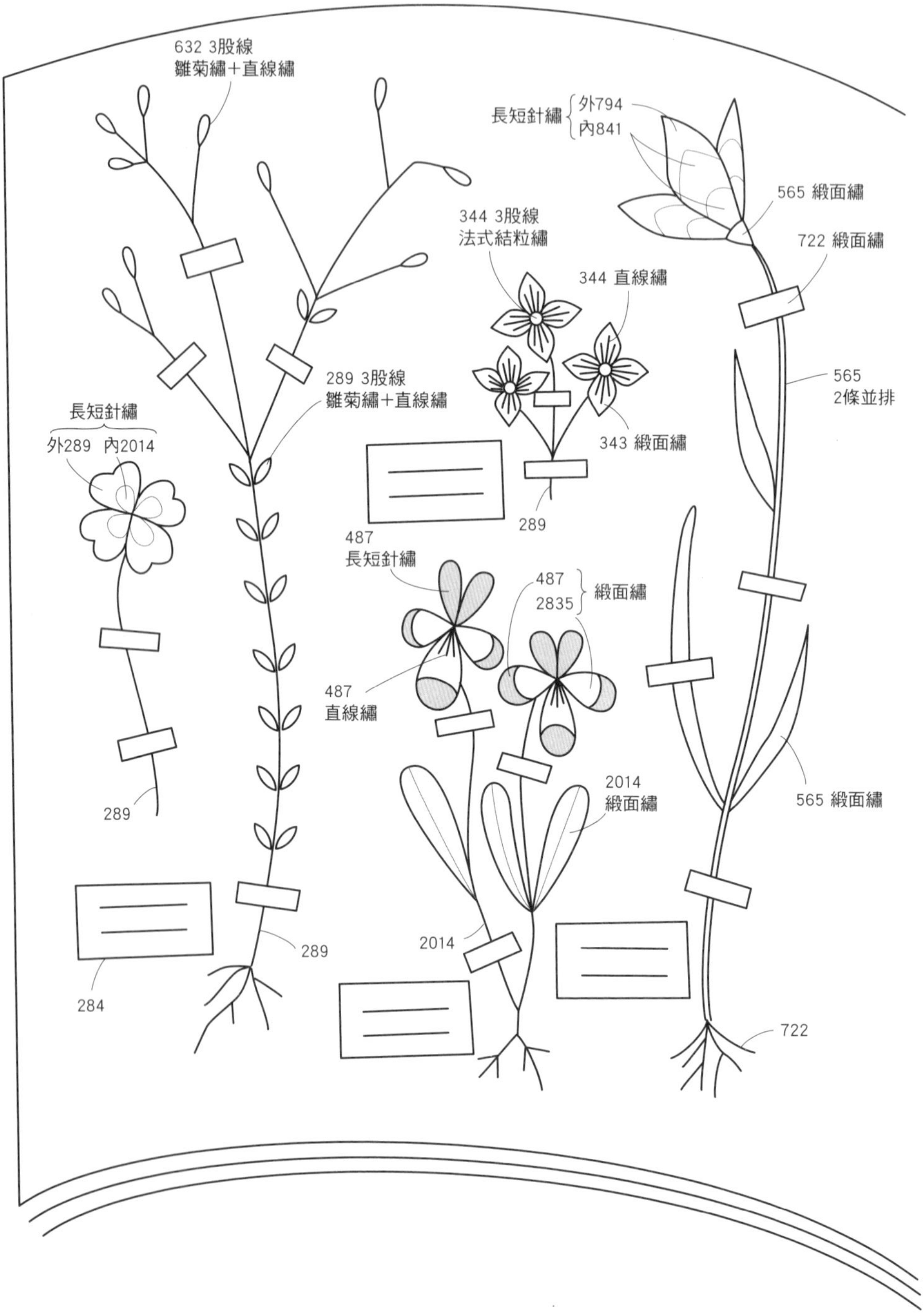

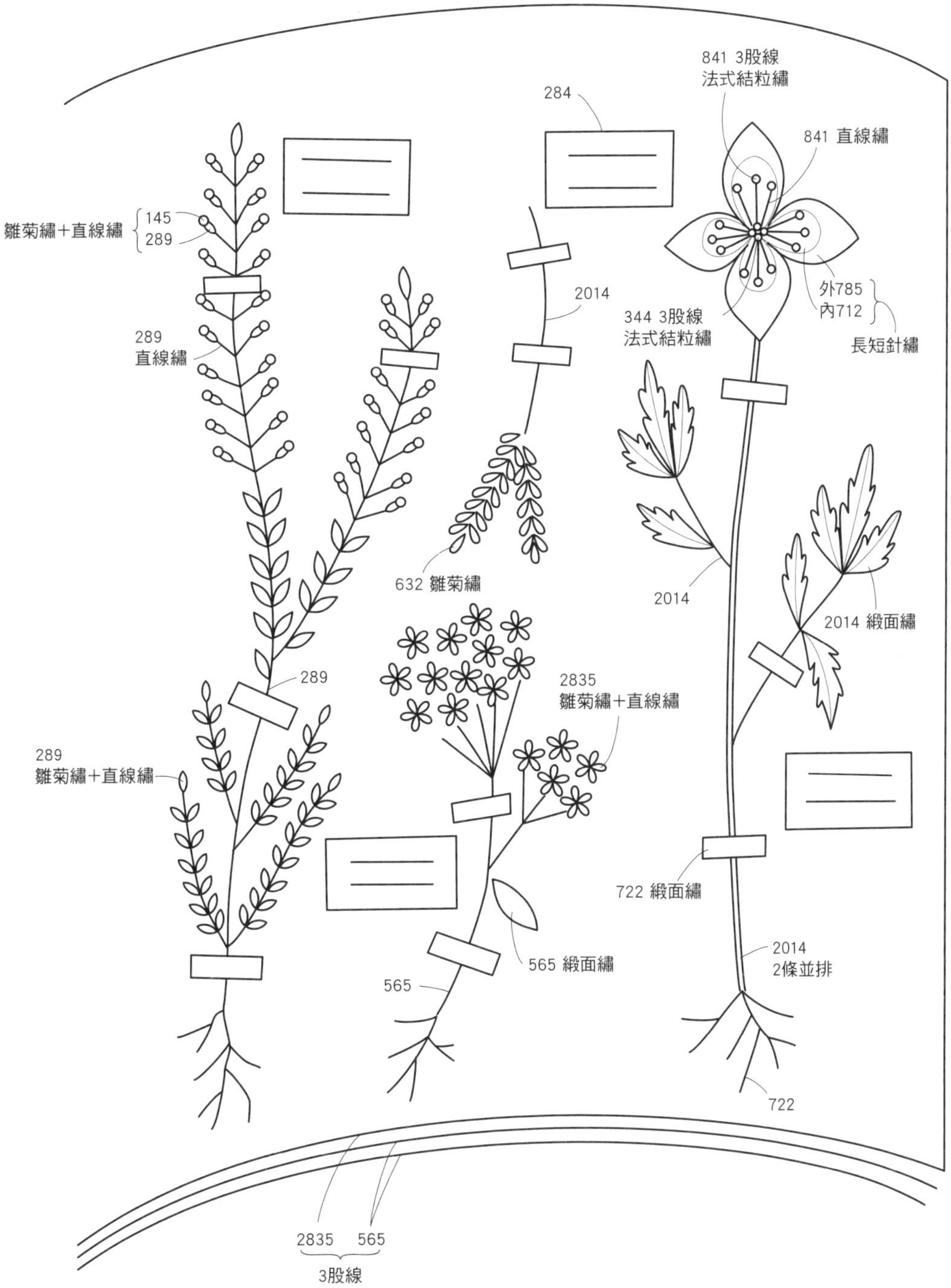

841 3股線
法式結粒繡
284
841 直線繡
雛菊繡+直線繡
145
289
2014
外785
內712
長短針繡
344 3股線
法式結粒繡
289
直線繡
632 雛菊繡
2014
2014 緞面繡
289
2835
雛菊繡+直線繡
289
雛菊繡+直線繡
722 緞面繡
565 緞面繡
2014
2條並排
565
722
2835
565
3股線

p.22

16 聚集在花朵和庭院的生物（刺繡樣本）

Summer

〔線〕Olympus 25號繡線 145、288、342、343、344、632、755、841、2016、2835

〔布〕Original麻、灰卡其色（IN50145）

〔其他〕單面膠布襯

p.23

17 花草紙袋

Summer

〔線〕Olympus 25號繡線 841

〔布〕Original麻 駝色（IN50188）、裡布各55×45cm

〔其他〕單面膠布襯15×20cm、雙面膠布襯55×45cm

刺繡圖案（請放大125%）

- 使用25號繡線，除了指定之外，皆為2股線
- 繡法除了指定之外，皆為輪廓繡
- 法式結粒繡請繞2圈
- 16的莖和葉是2016，17的皆為841

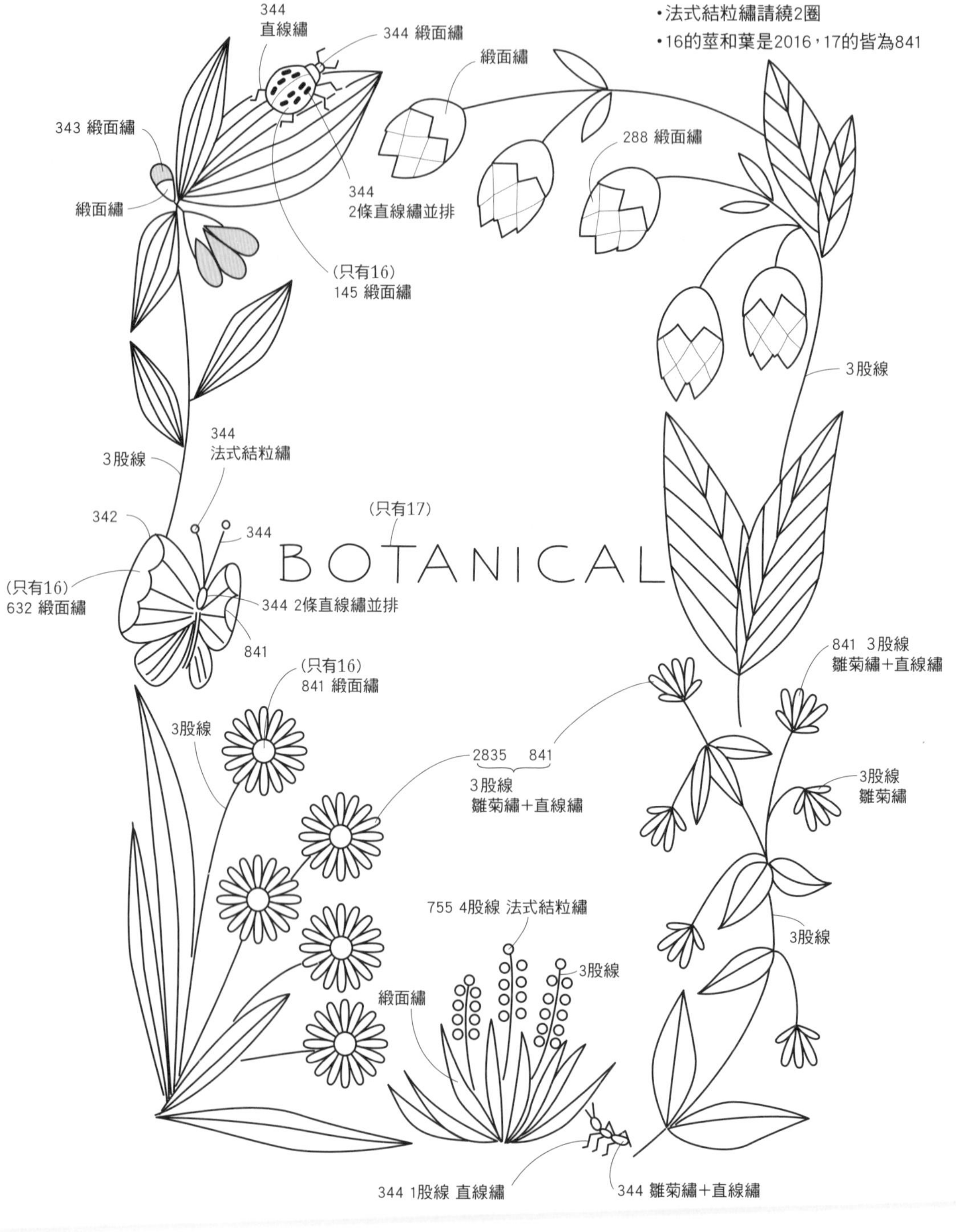

尺寸圖

・加上（　）內的縫份後再裁剪

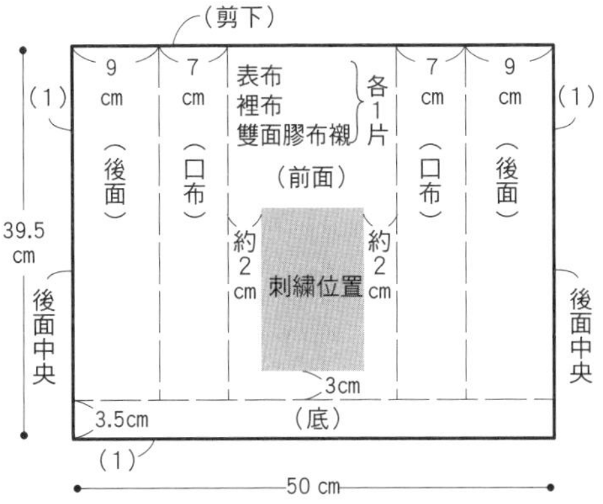

1. 以刮刀在表布作出摺痕，在刺繡位置的背面貼上單面膠布襯後，施以刺繡。

2. 在裡布貼上雙面膠布襯，撕掉防沾粘玻璃紙後，與步驟1的成品對齊貼合。

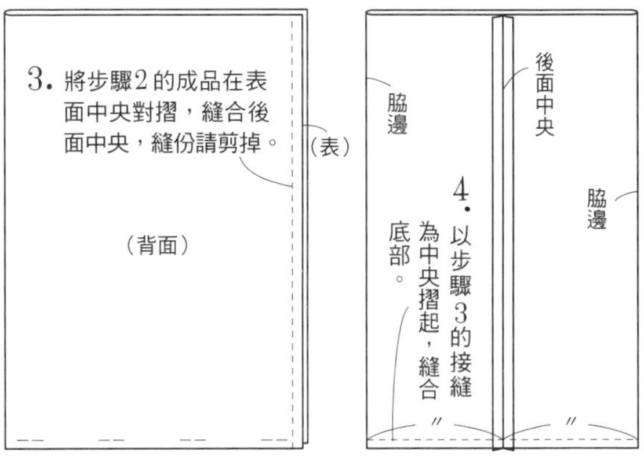

3. 將步驟2的成品在表面中央對摺，縫合後面中央，縫份請剪掉。

4. 以步驟3的接縫為中央摺起，縫合底部。

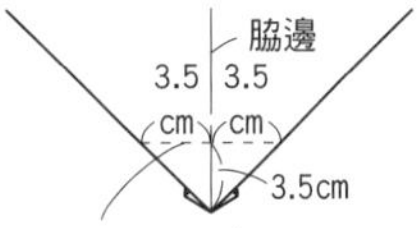

5. 脇邊與步驟4的接縫對齊摺起來，縫上口布。

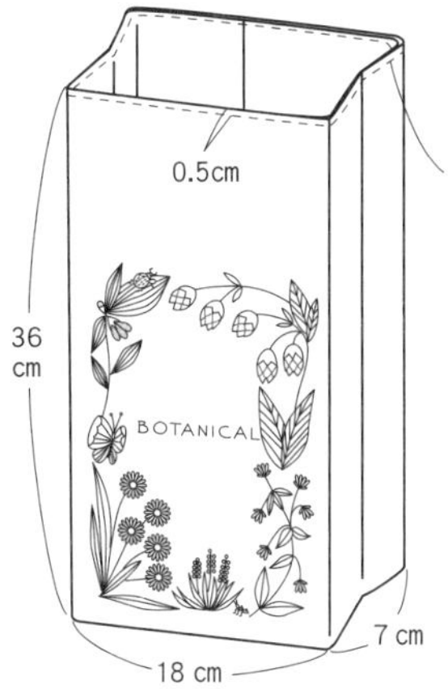

6. 翻回表面，以熨斗燙過後，將形狀整理成紙袋形狀，翻到袋口施以刺繡。

p.25

19 秋樹與鳥兒的迷你相框

Autumn

〔線〕Olympus 25號繡線 285、344、712、841、843、2835
〔布〕洗過的比利時亞麻1/40番手 薩克斯藍（IN50573）
〔其他〕單面膠布襯 內徑12×8cm的相框

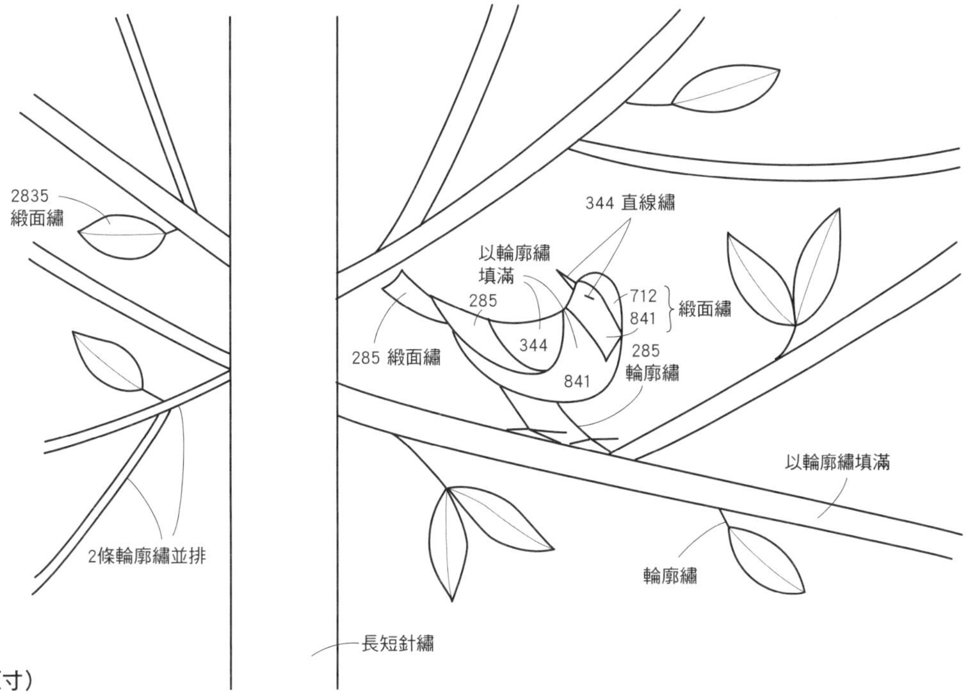

刺繡圖案（原寸）

・使用25號繡線，除了指定之外，皆為2股線
・樹是841 1股及843 2股對齊作成3股線刺繡而成

p.27
21 秋葉書籤
Autumn

〔線〕Olympus 25號繡線（紅線）714、（灰線）285、（黃綠線）564
〔布〕（紅色）Bergamo亞麻 朱紅色（IN50301）
（灰色）Original麻 灰卡其色（IN50145）
（黃綠色）洗過的比利時亞麻1/40番手、萊姆黃（IN50573）、裡布
〔其他〕單面膠布襯

刺繡圖案（原寸）

• 使用25號繡線，除了指定之外，皆為3股線輪廓繡

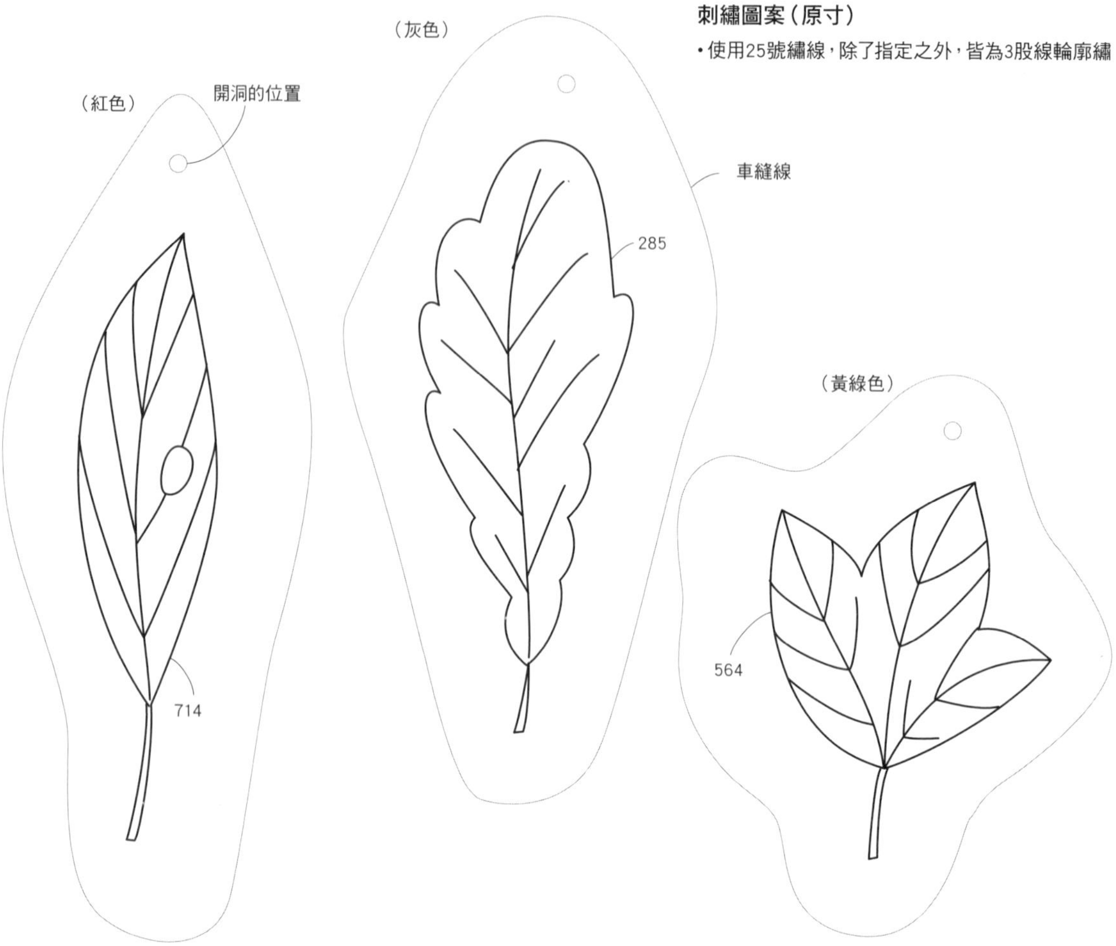

（灰色）
（紅色）
開洞的位置
車縫線
285
（黃綠色）
564
714

1. 在亞麻的背面貼上單面膠布襯，描摹車縫線和圖案後再刺繡。（這個階段還不要剪布）
2. 在裡布背面貼上雙面膠布襯，跟亞麻布的背面貼合對齊後，以熨斗燙過使其沾粘。
3. 沿著車縫線剪下。
4. 製作掛繩（準備跟刺繡相同的線 6 股線，各需 40cm）

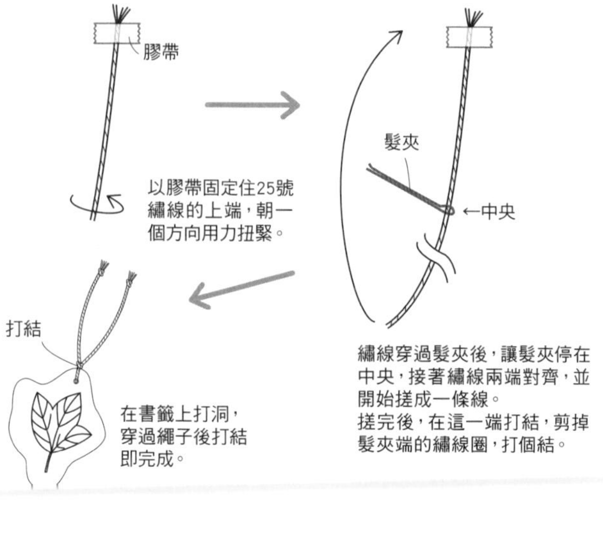

膠帶
以膠帶固定住25號繡線的上端，朝一個方向用力扭緊。
髮夾
←中央
繡線穿過髮夾後，讓髮夾停在中央，接著繡線兩端對齊，並開始搓成一條線。
搓完後，在這一端打結，剪掉髮夾端的繡線圈，打個結。
打結
在書籤上打洞，穿過繩子後打結即完成。

p.28
22 森林動物鑲板（兔子）
Autumn

〔線〕Olympus 25號繡線 165、324、343、841
〔布〕洗過的比利時亞麻1/40番手、粉紅色（IN50573）
〔其他〕單面膠布襯 18×14cm的鑲板

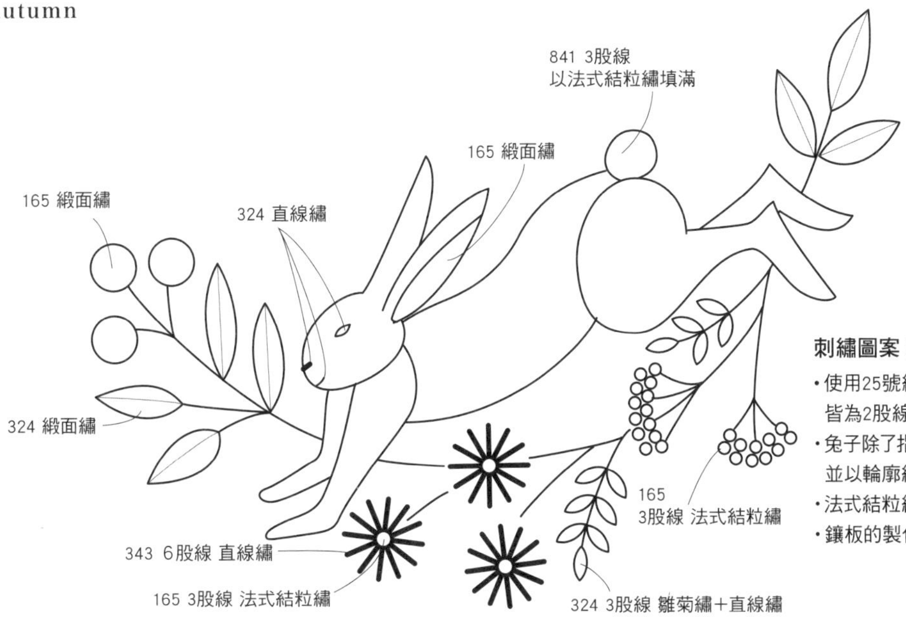

刺繡圖案（原寸）
- 使用25號繡線，除了指定之外，皆為2股線
- 兔子除了指定之外，皆為2股線，並以輪廓繡填滿
- 法式結粒繡請繞2圈
- 鑲板的製作方法請參照p.57

p.29
23 森林動物鑲板（松鼠）
Autumn

〔線〕Olympus 25號繡線 318、714、841、900、2835
〔布〕洗過的比利時亞麻1/40番手 土耳其藍（IN50573）
〔其他〕單面膠布襯 18×14cm的鑲板

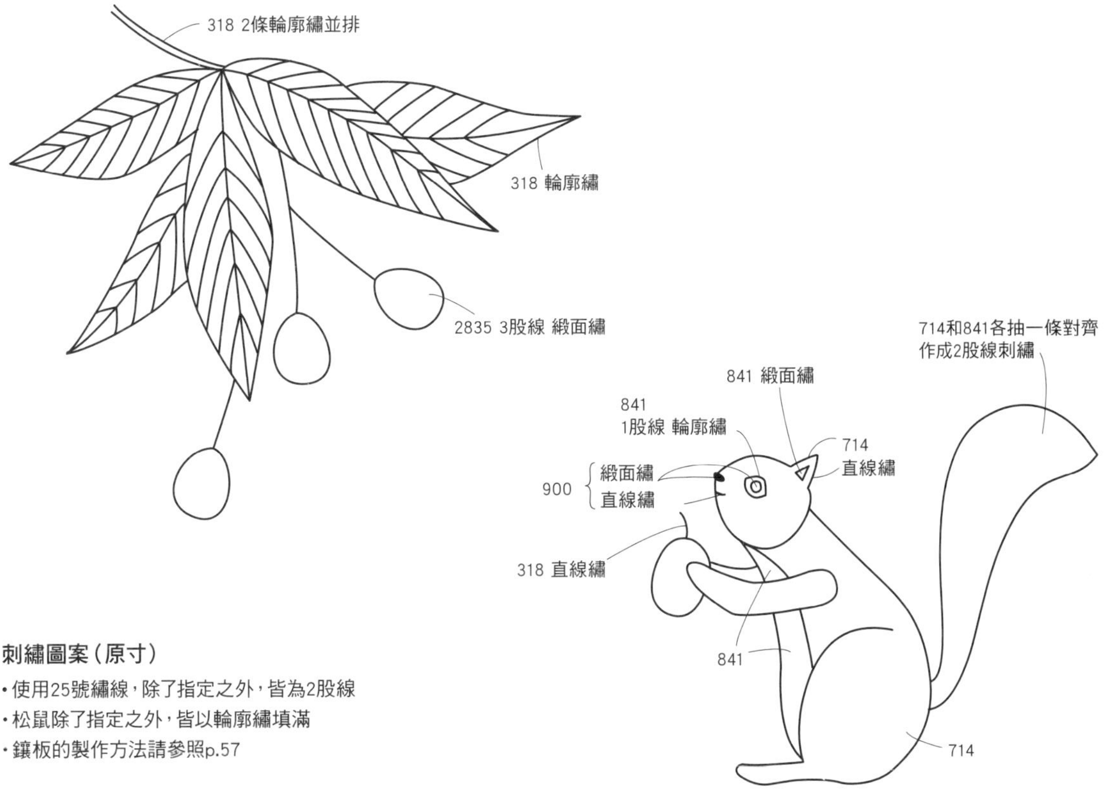

刺繡圖案（原寸）
- 使用25號繡線，除了指定之外，皆為2股線
- 松鼠除了指定之外，皆以輪廓繡填滿
- 鑲板的製作方法請參照p.57

p.30

24 森林動物刺繡樣本

Autumn

〔線〕Olympus 25號繡線 192、344
〔布〕Bergamo亞麻 米白色（IN50301）
〔其他〕單面膠布襯、18×14cm的鑲板

p.31

25 白線刺繡抱枕

Autumn

〔線〕Olympus 25號繡線 841、203
〔布〕Bergamo亞麻 朱紅色（IN50301）
〔其他〕單面膠布襯、30cm正方形原色抱枕

刺繡圖案（請放大125%）

- 除了指定之外，24都是192、25是841的2股線輪廓繡
- （　　）是25的號碼
- 法式結粒繡請繞2圈

尺寸圖

- 加上（ ）內的縫份後再裁剪

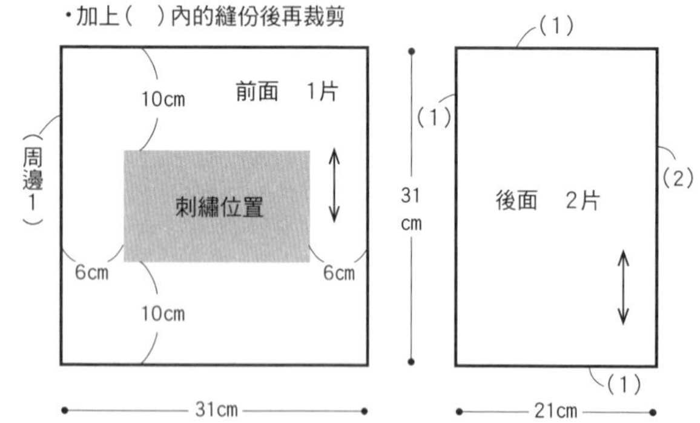

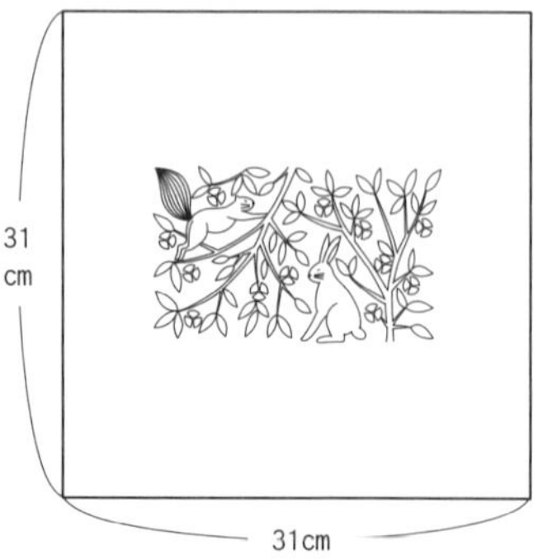

1. 在前面的刺繡位置背後貼上單面膠布襯，再刺繡。

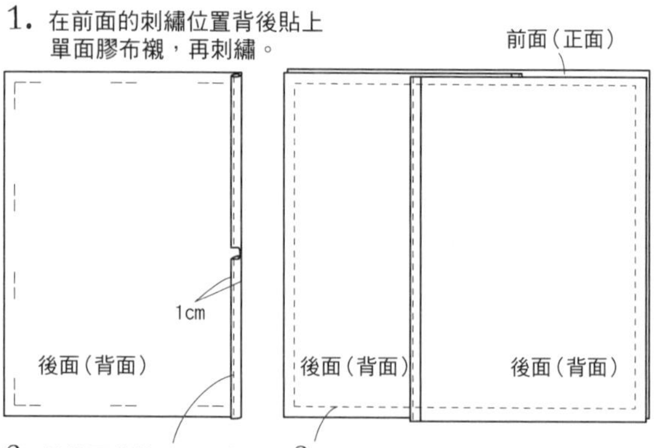

2. 將後面的縫份2cm布邊摺三褶後縫起。步驟2製作兩組。
3. 將前面及後面2片置中對齊後縫合周圍。

p.32

26 結實纍纍花圈

Autumn

〔線〕Olympus 25號繡線 236、343、344、488、565、655、714、841、2835
〔布〕Original麻 卡其灰色（IN50145）
〔其他〕單面膠布襯

刺繡圖案（原寸）

- 25號繡線除了指定之外，皆為2股線
- 繡法除了指定之外，皆為輪廓繡
- 法式結粒繡請繞2圈

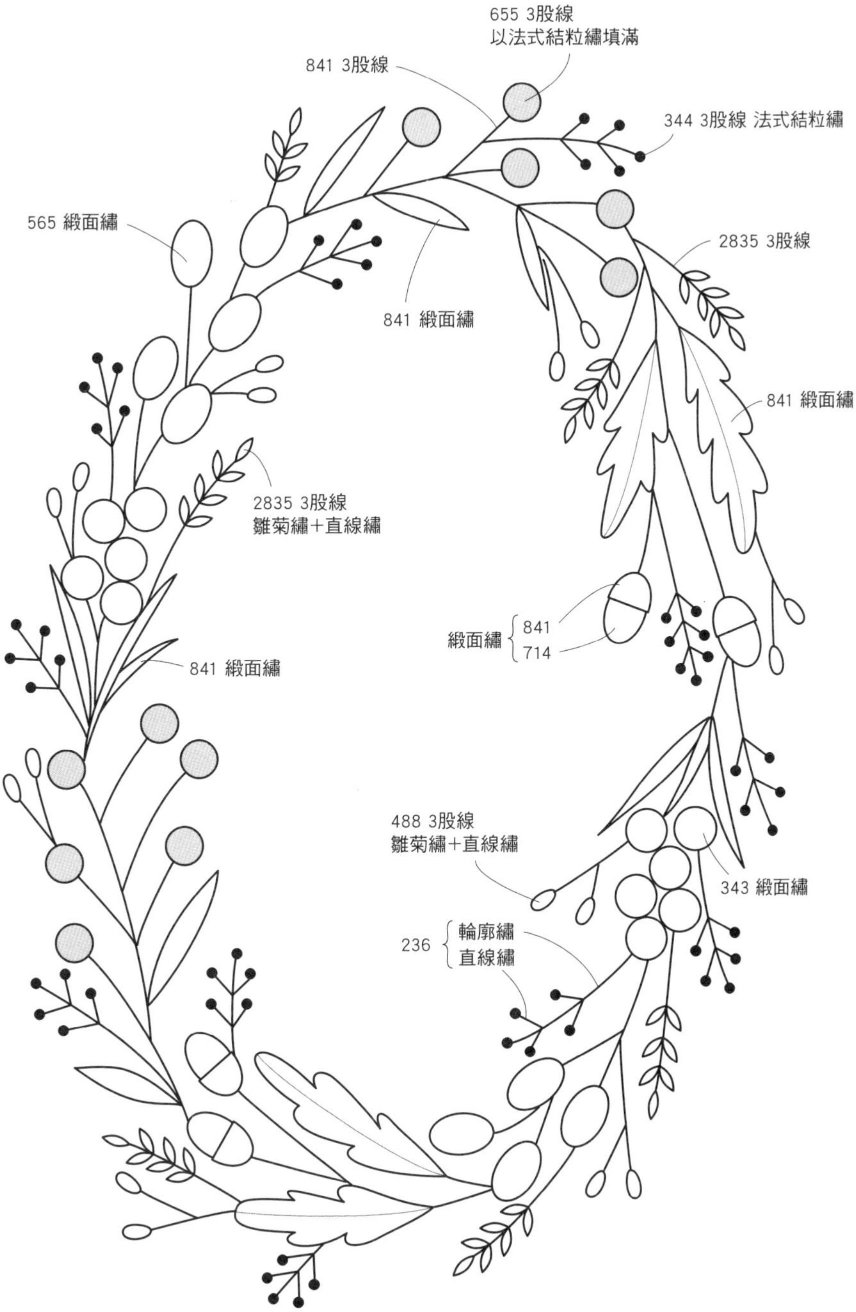

p.34

28 針葉樹刺繡樣本

Winter

〔線〕Olympus 25號繡線 421、841、3042
〔布〕Bergamo亞麻 暗藍色（IN50301）
〔其他〕單面膠布襯

刺繡圖案（請放大145%）

・25號繡線除了指定之外，皆為3股線輪廓繡

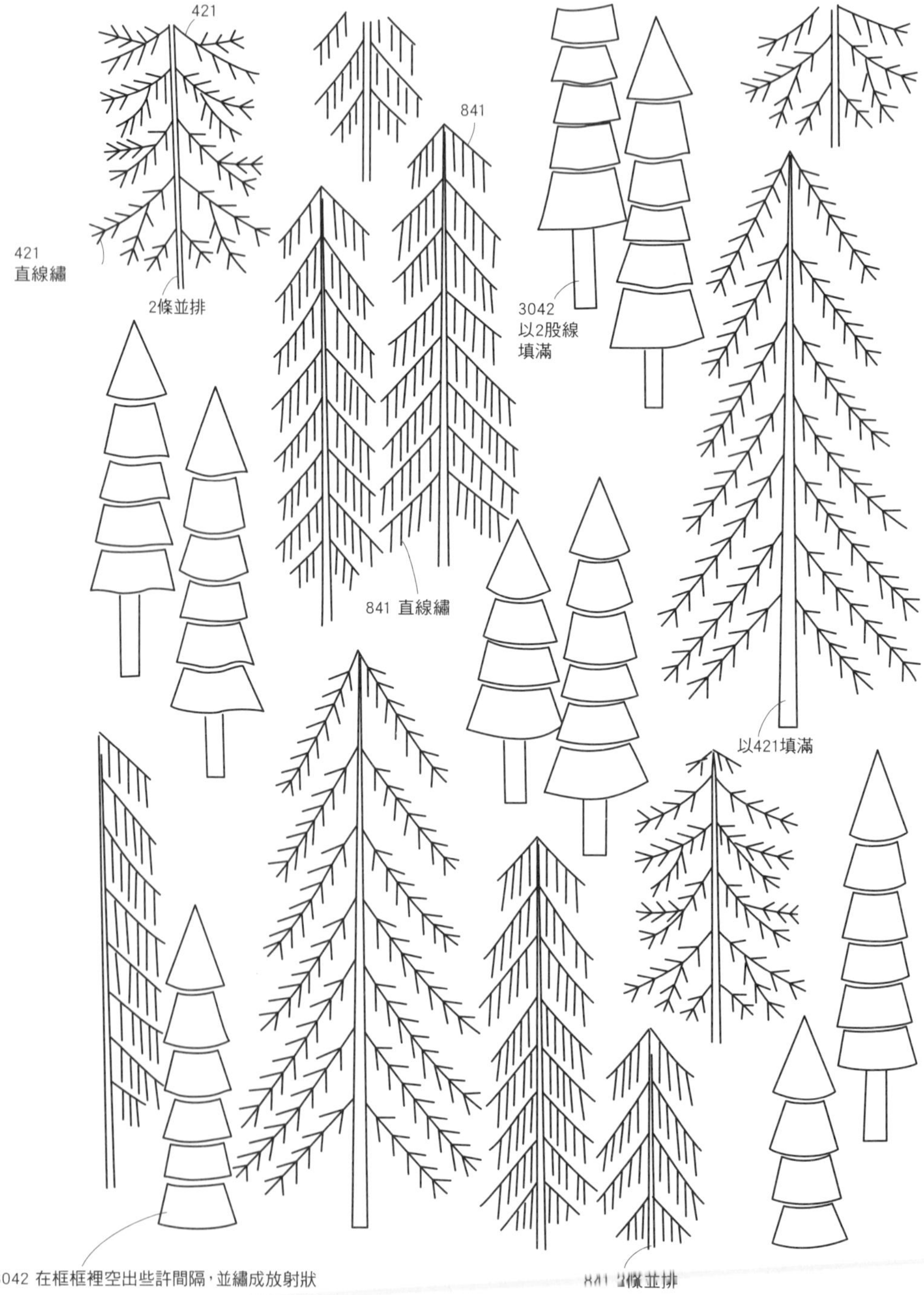

p.35
29 Winter
冬季夜空（迷你鑲板）

〔線〕Olympus 25號繡線 421、655
〔布〕洗過的比利時亞麻1/40番手、土耳其藍（IN50573）
〔其他〕單面膠布襯、10cm正方形鑲板

刺繡圖案（原寸）
- 25號繡線除了指定之外，皆為2股線
- 星星和月亮是421，樹是655
- 鑲板的製作方法請參照p.57

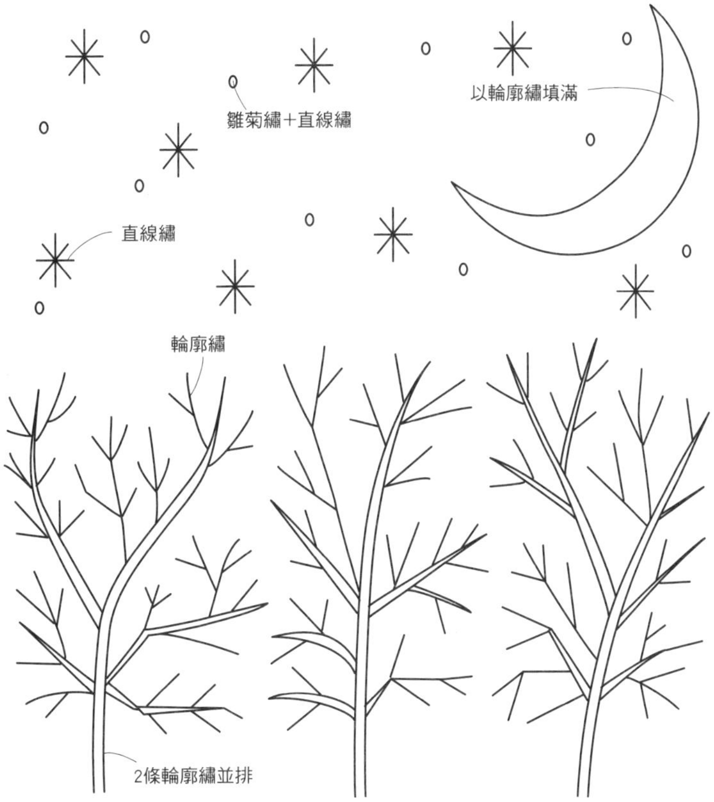

p.36
30 Winter
森林守衛（相框）

〔線〕Olympus 25號繡線 344
〔布〕洗過的比利時亞麻1/40番手 萊姆黃（IN50573）
〔其他〕單面膠布襯 內徑10cm的相框

刺繡圖案（原寸）
- 25號繡線除了指定之外，皆為2股線344
- 繡法除了指定之外，皆為輪廓繡

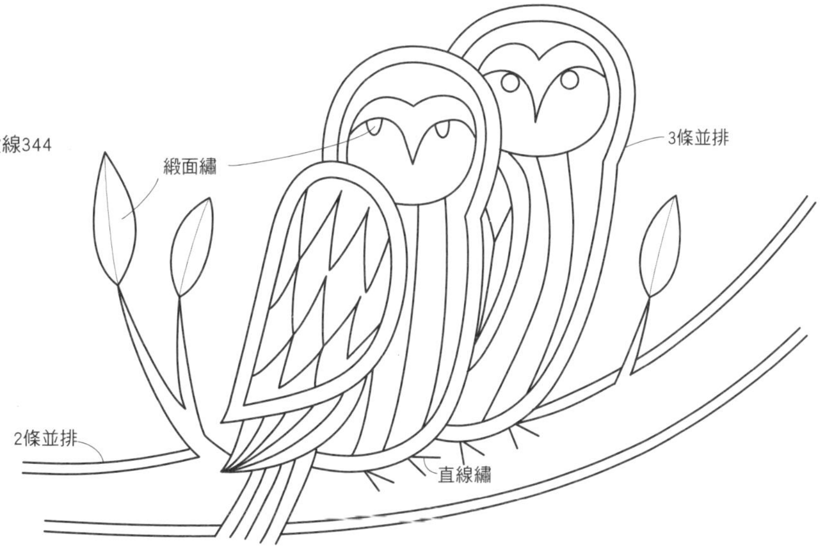

p.37

31 待春花圈（鑲板）

Winter

〔線〕Olympus 25號繡線 431、488、2013、2016
Appleton crewel wool線 155、332、607、691
〔布〕有色亞麻 苔綠色（IN50188）
〔其他〕單面膠布襯、15cm正方形鑲板

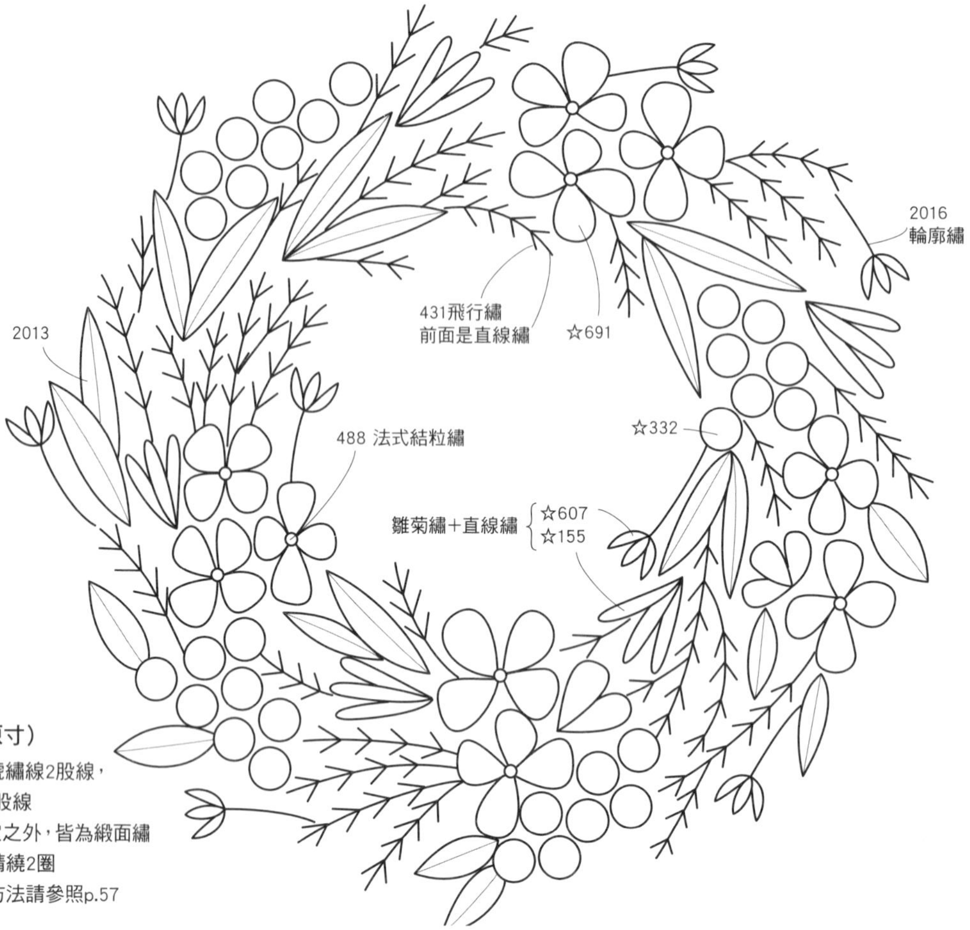

刺繡圖案（原寸）

- 無記號＝25號繡線2股線，
  ☆＝wool線1股線
- 繡法除了指定之外，皆為緞面繡
- 法式結粒繡請繞2圈
- 鑲板的製作方法請參照p.57

p.26

20 樹木果實胸針

Autumn

〔線〕Olympus 25號繡線 顏色請參照p.73圖案旁邊的表格
〔布〕Bergamo亞麻 米白色、亮海軍藍、朱紅色、棕色（IN50301）
洗過的比利時亞麻1/40番手 粉紅色、萊姆黃（IN50573）
有色亞麻 苔綠色（IN50188）各15cm正方形
〔其他〕單面膠布襯 胸針臺座（作品為直徑3cm、3.5cm、4cm圓形，3.5×4.5cm橢圓形）
長2.5cm的別針 5cm的正方形皮革或厚毛氈

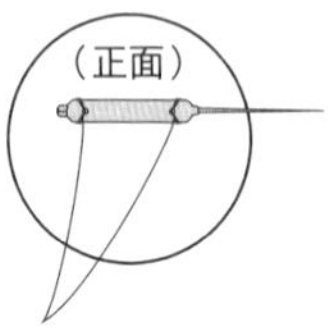

1. 將皮革（或是厚毛氈）剪得比胸針臺座的周圍小0.2cm，並縫上別針。

2. 在亞麻背面貼上單面膠布襯，刺繡。

3. 在步驟2的成品背後放上胸針臺座，決定好位置後作記號，剪布時，記得留下1cm的縫份。

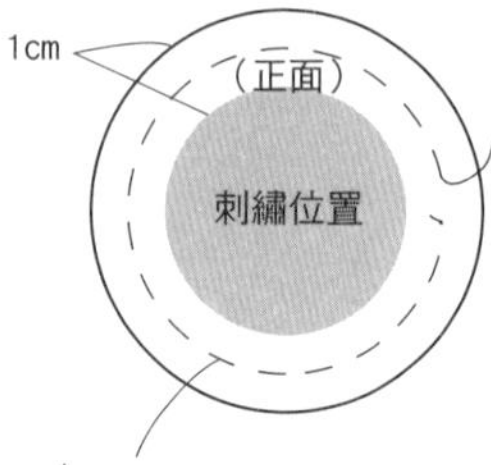

4. 縮縫一圈。

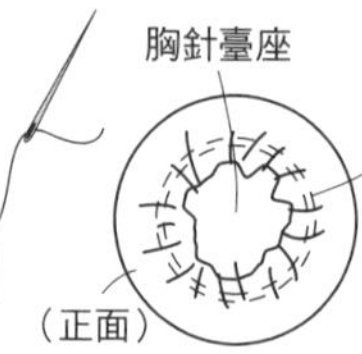

5. 放上胸針臺座後拉緊縮縫的線，一邊整理形成的細褶，一邊縫一圈後，打個收尾結固定。

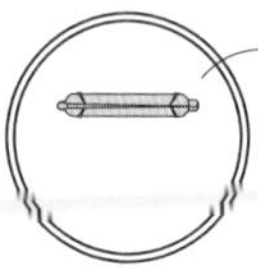

6. 將步驟5和步驟1的成品以接著劑黏合。

p.38
32 報春花花束（刺繡樣本）
Winter

〔線〕Olympus 25號繡線 431
Appleton crewel wool線 155、207、325、332、607、691、696、843、972
〔布〕有色亞麻 苔綠色（IN50188）
〔其他〕單面膠布襯

刺繡圖案（原寸）
・25號繡線皆為431的3股線
・花瓣皆為緞面繡
・法式結粒繡請繞2圈

花朵顏色（wool線1股線）

	花瓣	花心	
(淺灰)	207	691	直線繡
(深灰)	607	843	直線繡
A	325	607	直線繡
B	696	843	直線繡
C	332	696	直線繡
D	155	691	法式結粒繡
E	972	691	法式結粒繡

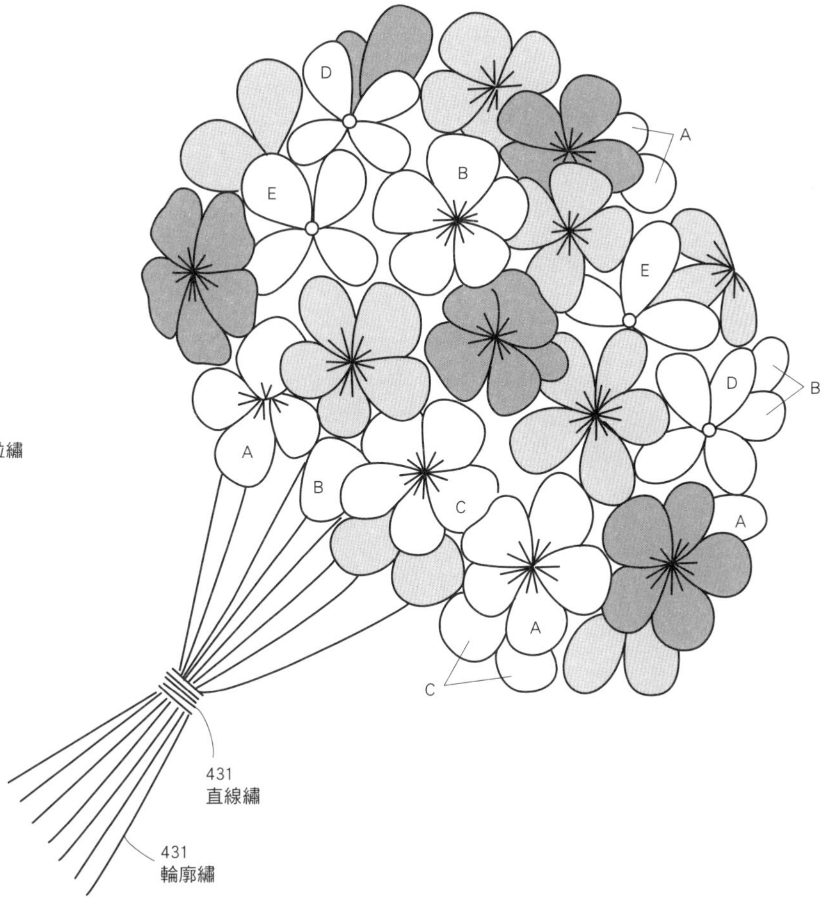

刺繡圖案（原寸）
・25號繡線除了果實的鑲邊是2股線，其餘都是3股線
・果實和葉片是緞面繡，果實的鑲邊和莖是輪廓繡
・果實請按照緞面繡→輪廓繡的順序刺繡

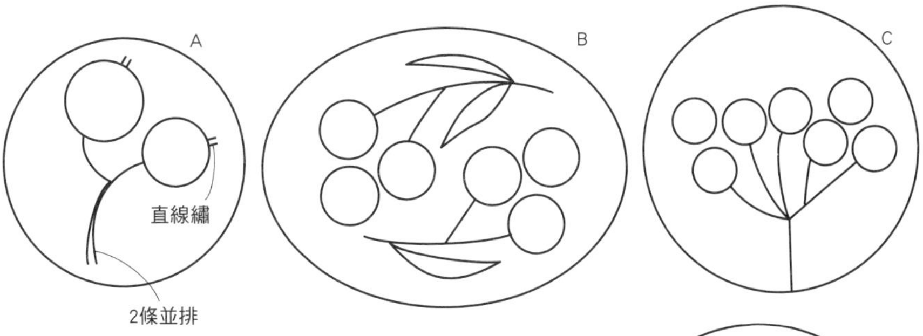

布和繡線的顏色

	布	果實	鑲邊・莖・葉片
A	米白色	841	843
	粉紅色	136	655
B	亮海軍藍	343	344
C	朱紅色	755	785
	萊姆黃	2835	285
D	苔綠色	2013	2016
E	棕色	564	575

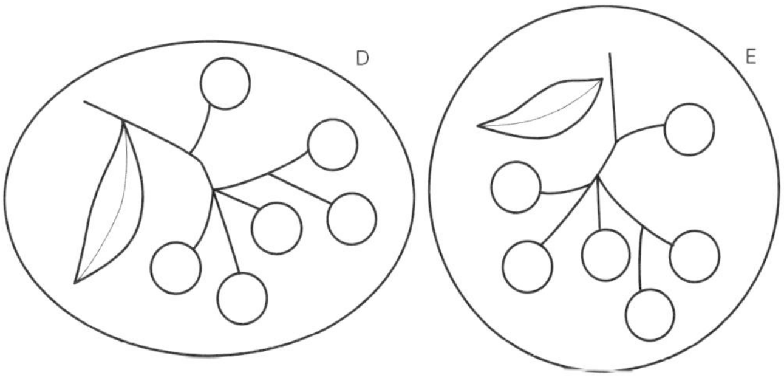

p.40

34
Winter

紅色果實和雪花結晶（迷你刺繡樣本）

〔線〕Olympus 25號繡線 192、487、844
Appleton crewel wool線 155、691、882
〔布〕Bergamo亞麻 米黃色（IN50301）
〔其他〕單面膠布襯

刺繡圖案（原寸）

- 無記號＝25號繡線3股線，☆＝wool線1股線
- 繡法除了指定之外，皆為輪廓繡
- 法式結粒繡請繞2圈

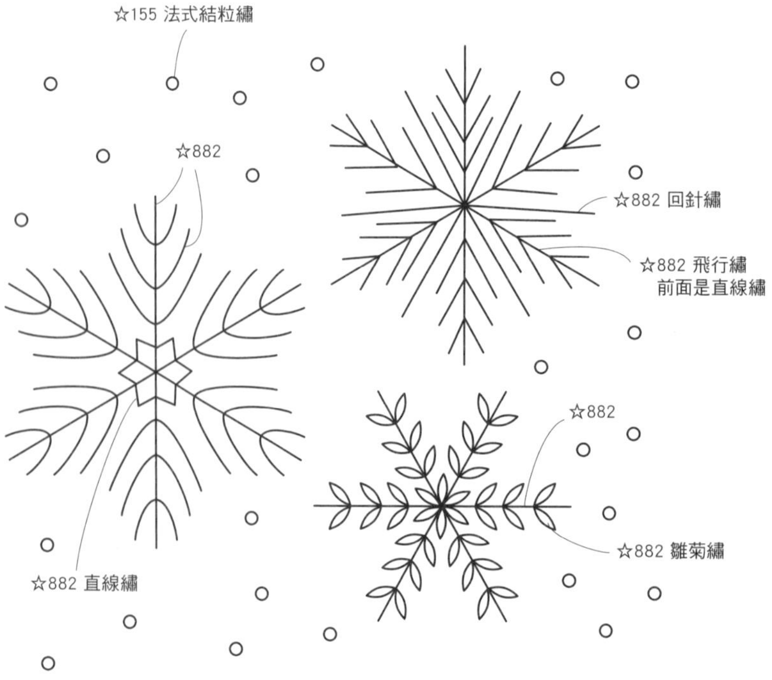

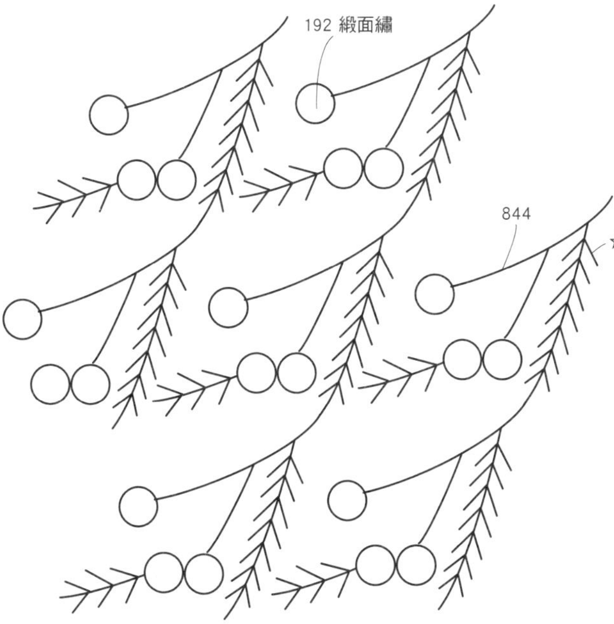

p.41

35 雪景針包

Winter

〔線〕Olympus 25號繡線 192 844
Appleton crewel wool線 691
〔布〕洗過的比利時亞麻1/40番手 薩克斯藍（IN50573）
〔其他〕單面膠布襯 直徑5cm的針包臺座 棉花

刺繡圖案（原寸）

・刺繡方法和34一樣

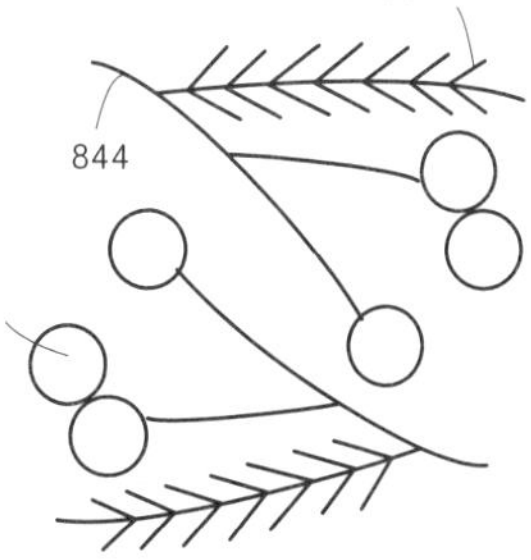

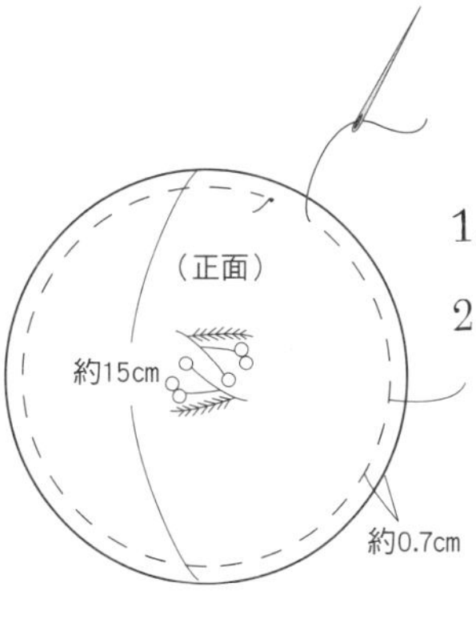

1. 將單面膠布襯貼在亞麻背面，刺繡。
2. 以刺繡部分為中央，將布剪成直徑15cm的圓形，縮縫周圍。

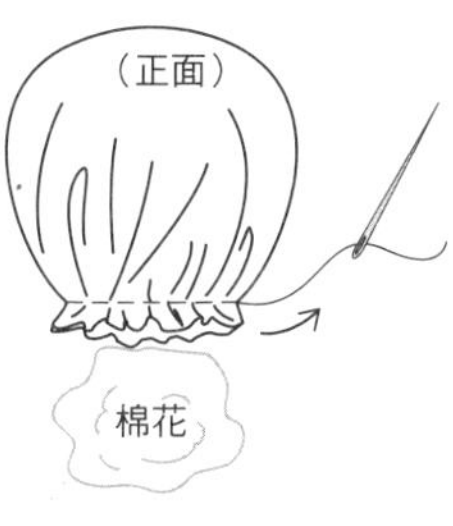

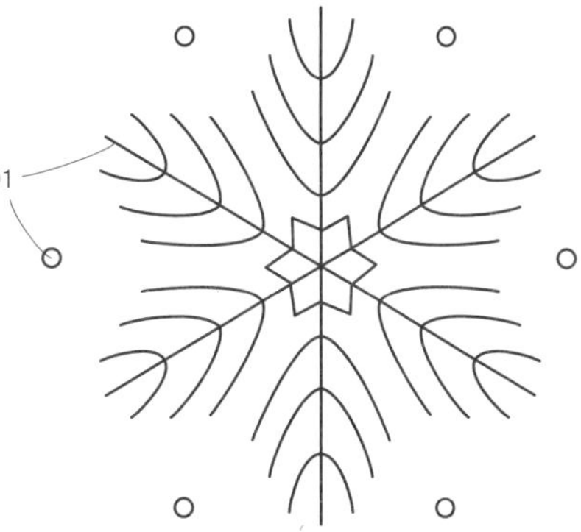

3. 塞入棉花後，拉緊縮縫的線，打個收尾結。
4. 以接著劑將成品黏在針包臺座上。

p.42-43

36 待春之夜（刺繡樣本）

Winter

〔線〕Olympus 25號繡線 194、343、344、423、432、632、655、841、2014
〔布〕Bergamo亞麻 亮海軍藍（IN50301）
〔其他〕單面膠布襯

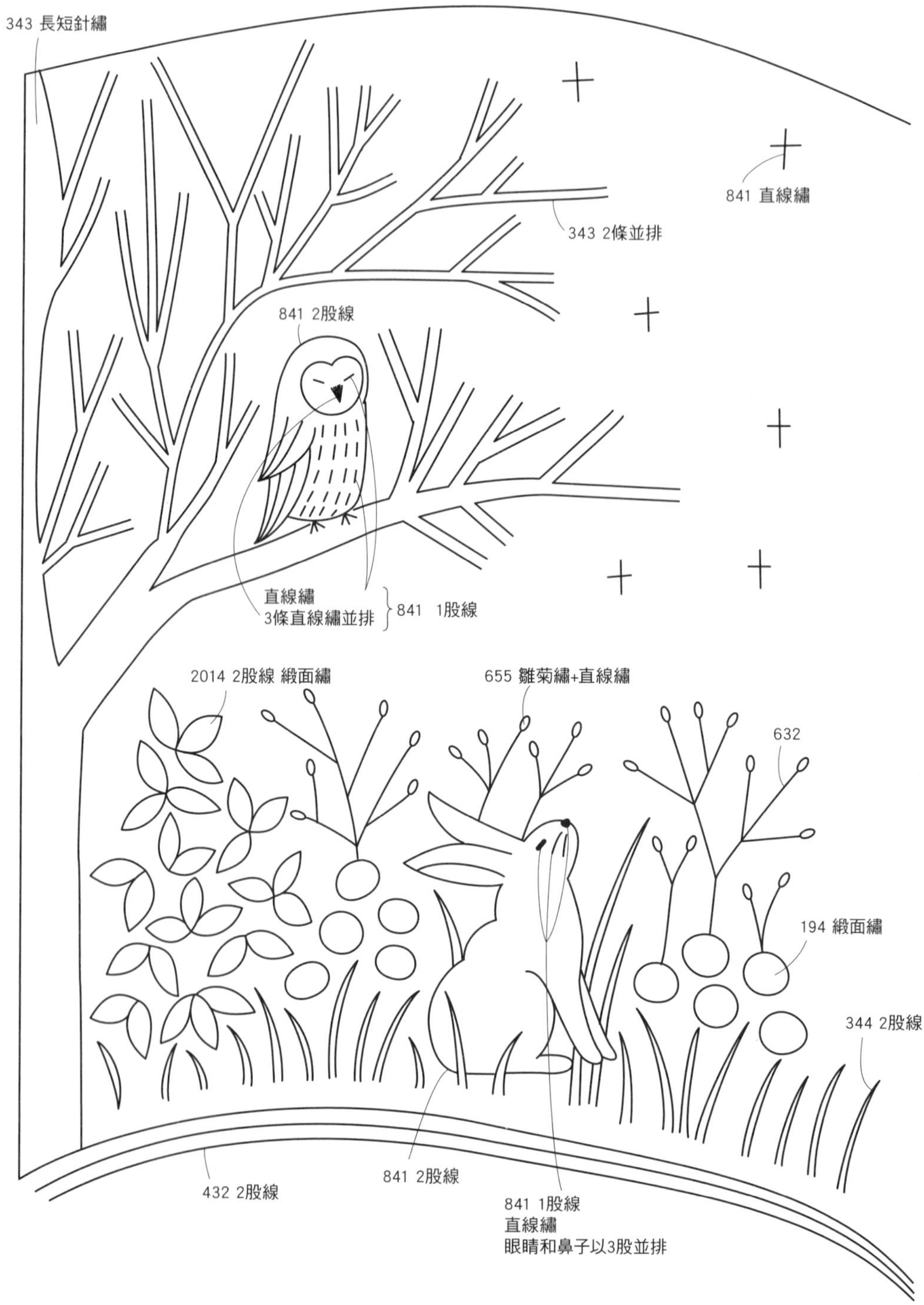

刺繡圖案（請放大125%）

・25號繡線除了指定之外，皆為3股線

・繡法除了指定之外，皆為輪廓繡

p.39

33 報春花束口袋

Winter

〔線〕Olympus 25號繡線 305
Appleton crewel wool線 489、565
〔布〕Original麻 墨藍色（IN50145）、裡布各40×30cm
〔其他〕單面膠布襯15×20cm、寬0.7cm的羅緞緞帶130cm

尺寸圖

・加上（ ）內的縫份後再裁剪，
表布（1片）尺寸稍大一點，
刺繡完成再依指定的尺寸裁剪。

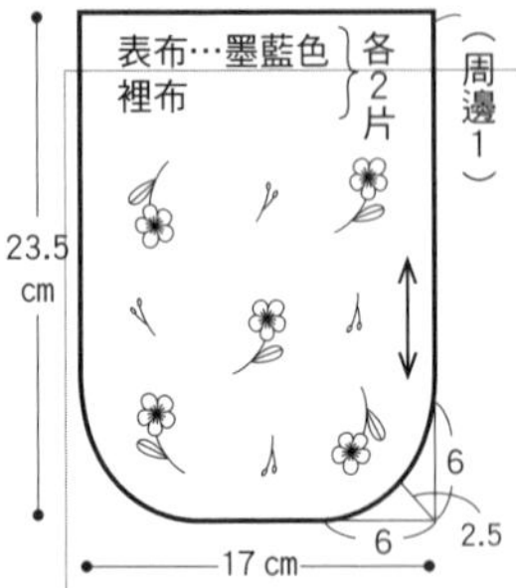

刺繡圖案（原寸）

・無記號＝25號繡線305 3股線，
☆＝wool線1股線

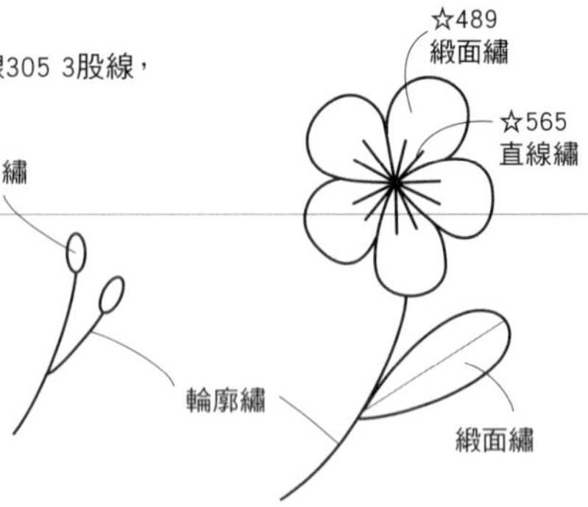

1. 在表布1片的刺繡位置背面貼上單面膠布襯，進行刺繡。

2. 將表布和裡布對齊貼合後縫上袋口。製作2組。

3. 將步驟2的2組正面相對縫合，只留下返口和兩旁的穿繩口。

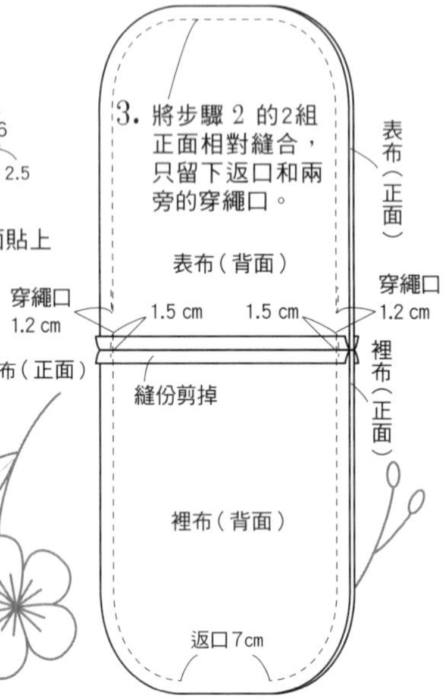

4. 翻回表面後，縫合返口（參照p.49），在穿繩口施以兩條刺繡。

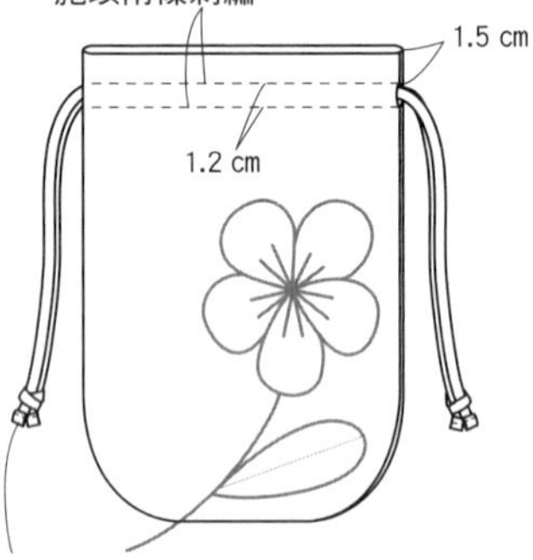

5. 將2條65cm長的緞帶，分別從不同方向的穿繩口穿入，彼此交叉後，各綁一個結。緞帶頭摺三褶後再縫合。

配置圖（請放大125%）

stitches

本書所使用的繡法

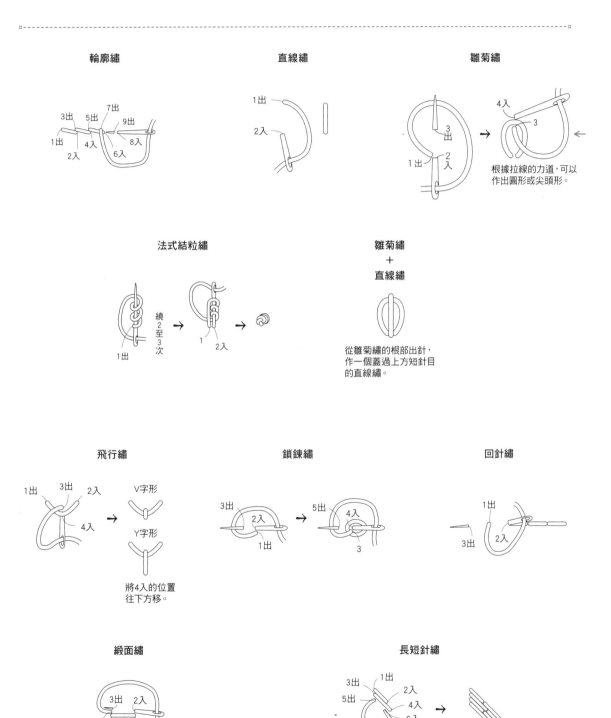

輪廓繡

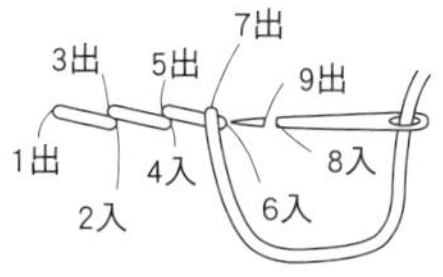

直線繡

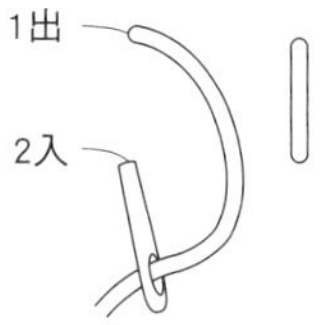

雛菊繡

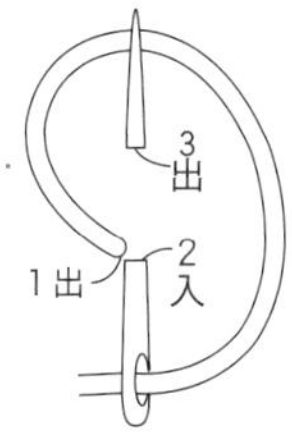

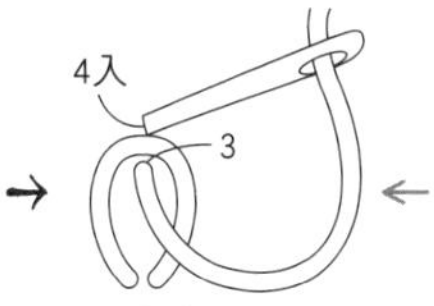

根據拉線的力道，可以作出圓形或尖頭形。

法式結粒繡

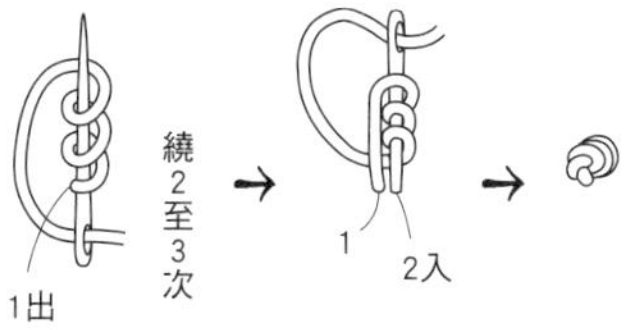

雛菊繡 ＋ 直線繡

從雛菊繡的根部出針，作一個蓋過上方短針目的直線繡。

飛行繡

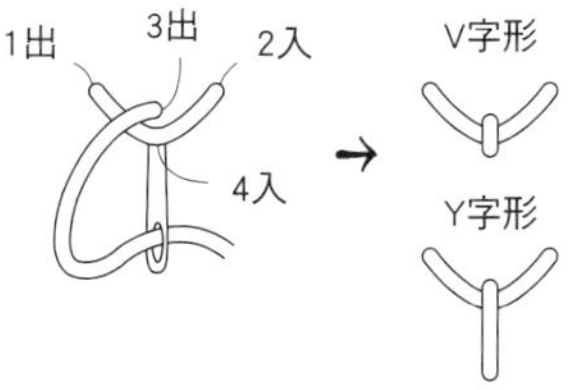

將4入的位置往下方移。

鎖鍊繡

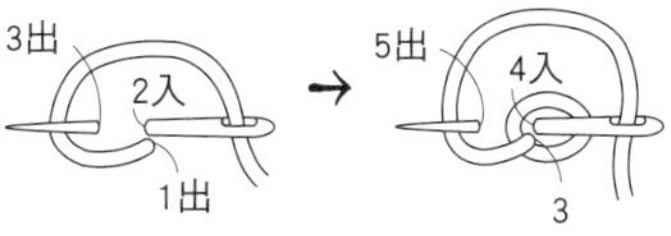

回針繡

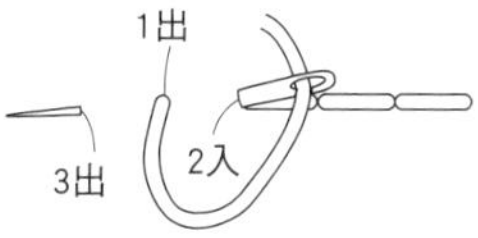

緞面繡

長短針繡

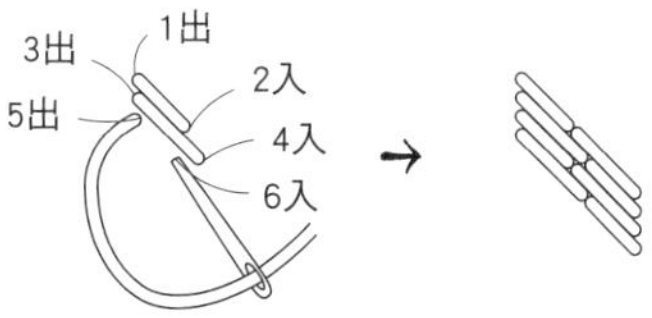

國家圖書館出版品預行編目資料

Makabe Aliceの ：刺繡物語：植物風格圖案集/
Makabe Alice著；黃盈琪譯. -- 初版. -- 新北市：雅
書堂文化事業有限公司, 2024.06
面；　公分. -- (愛刺繡；33)
ISBN 978-986-302-725-6(平裝)

1.CST: 刺繡 2.CST: 手工藝

426.2　　　113007523

愛｜刺｜繡｜33

Makabe Aliceの
—刺繡物語—植物風格圖案集

作　　　者／Makabe Alice
譯　　　者／黃盈琪
發　行　人／詹慶和
執 行 編 輯／黃璟安
編　　　輯／劉蕙寧・陳姿伶・詹凱雲
封 面 設 計／陳麗娜
美 術 編 輯／韓欣恬・周盈汝
內 文 排 版／造極彩色印刷
出　版　者／雅書堂文化事業有限公司
發　行　者／雅書堂文化事業有限公司
郵政劃撥帳號／18225950
戶　　　名／雅書堂文化事業有限公司
地　　　址／220新北市板橋區板新路206號3樓
電　　　話／(02)8952-4078　傳真／(02)8952-4084
網　　　址／www.elegantbooks.com.tw
電 子 信 箱／elegant.books@msa.hinet.net

2024年06月初版一刷　定價／420元

經銷／易可數位行銷股份有限公司
地址／新北市新店區寶橋路235巷6弄3號5樓
電話／(02)8911-0825　　傳真／(02)8911-0801

Makabe Alice
マカベアリス

刺繡作家。
提供作品於手工藝雜誌、舉辦個人展覽、
擔任工房講師等從事各種活動。
著有「野花與小鳥」（MYRTUS）、
「花草刺繡」（SHIROKUMA社）、
「植物刺繡手帖」（日本VOGUE社）。
每每季節流動都深有感觸，小小的覺察、驚奇和喜悅，
思索著事物若化為形體……於是日日動針紀錄。
https://makabealice.jimdofree.com

staff
書本設計…天野美保子
攝影…清水奈緒
造形設計…伊東朋惠
圖案描繪…下野彰子
構圖…山本晶子
校閱…滄流社
責任編輯…菊地奈緒
編輯長 石田由美

素材提供商店
25番刺繡線
Olympus製絲株式會社
https://www.olympus-thread.com

亞麻布
生地之森
https://www.kijinomori.com

攝影協助
サノアイ（もりのこと）
p.25・p.36相框　p.41針包臺座
https://morinokoto.com

AWABEES
http://www.awabees.com

Spring

Summer

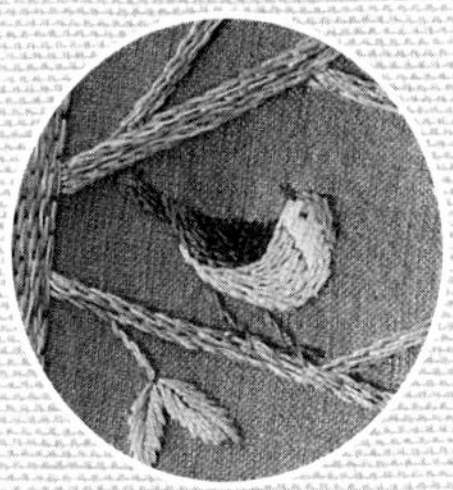

Autumn

Winter